[权威版]

磁

CI

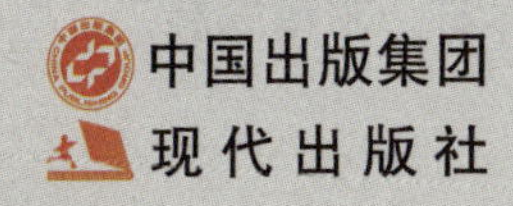

图书在版编目（CIP）数据

磁 / 杨华编著 . — 北京 : 现代出版社 , 2013.1
（科学第一视野）
ISBN 978-7-5143-1008-5

Ⅰ . ①磁… Ⅱ . ①杨… Ⅲ . ①磁能 – 青年读物②磁能 – 少年读物 Ⅳ . ① 0441.2-49

中国版本图书馆 CIP 数据核字 (2012) 第 304777 号

磁

编　　著　杨　华
责任编辑　刘春荣
出版发行　现代出版社
地　　址　北京市安定门外安华里 504 号
邮政编码　100011
电　　话　010-64267325　010-64245264（兼传真）
网　　址　www. xdcbs. com
电子信箱　xiandai@ cnpitc. com. cn
印　　刷　汇昌印刷（天津）有限公司
开　　本　710mm × 1000mm　1/16
印　　张　10
版　　次　2014 年 12 月第 1 版　2021 年 3 月第 3 次印刷
书　　号　ISBN 978-7-5143-1008-5
定　　价　29.80 元

前言 PREFACE

磁是一种看不见、摸不着的东西。只有当磁性物质或铁被磁化后，我们才能观察到它可以吸附铁屑。我国古代在2500年前就认识到了这种磁现象。

公元前4世纪左右成书的《管子》中就有“上有慈石者，其下有铜金”的记载，意思是说磁石的下面蕴藏着铁矿。这是关于磁的最早记载。那时都把磁石写成慈石，含有母亲慈爱孩子之意，所以称慈石。此后我国先人根据磁的性质，发明了指南器；之后，又发明了指南针。古人还常常将磁石用于医疗。《史记》中有用“五石散”内服治病的记载，磁石就是五石之一。晋代有用磁石吸出体内铁针的病案。到了宋代，有人把磁石放在耳内，口含铁块，因而治愈耳聋的例子。

我国先人还观测到，太阳黑子是一种磁现象。根据我国研究人员搜集与整理，自前165—1643年史书中观测黑子记录为127次。这些古代观测资料为今人研究太阳活动提供了极为珍贵、翔实可靠的资料。可遗憾的是，尽管我国先人对磁的认识很早，然而对于磁现象的本质及解释，往往又是含糊的。

直到1600年，英国女王的御医吉尔伯特出版了他的著作《论磁石》一书。系统地描述了对磁现象和电现象的观察，并反复实验，得出了一些有关磁性的结论。到18世纪之后，西方的电磁学发展十分迅速，奥特斯和法拉第先后发现了电流磁效应与电磁感应

现象。从而开启了人类电气化的新时代。到了现代，人类对磁现象的认识逐渐系统化。并发明了不计其数的电磁仪器，如收音机、录音机、电视机、音箱、电话、无线电、计算机、发电机、电动机等等。如今，磁技术已经渗透到了我们的日常生活和工农业发展的各个方面，我们已经越来越离不开磁性材料的广泛应用。

这里我们做个假设，如果没有磁，世界会怎样？假如没有磁，首先是我们的信息系统瘫痪：广播收不到，电视不能看，电脑不能用，电话不能打。其次我们的发电机、电动机都将停掉，以至到医院不能做磁共振检测，到厨房用不了电磁炉，有点冷饭微波炉也热不了，甚至连夜晚都是一片漆黑。总之，我们的一切会变得一塌糊涂。

由此可知，我们的世界，是人的世界，也是磁的世界。

目录

第一章 认识磁现象

无处不在的磁场 …… 2
麦克风为什么能传声 …… 3
家电中的多种磁性材料 …… 5
计算机也有磁性 …… 7
心磁图与脑磁图 …… 9
信鸽为什么不迷失方向 …… 11
引发车祸的“凶手” …… 13
植物对磁场也有感应 …… 15
物质的磁性从哪里来 …… 17

第二章 磁的发现历程

我国古代对磁的认识 …… 22
人类最早的指南器 …… 23
能吸附物体的琥珀 …… 25
慈石与指南针的应用 …… 27
地磁现象的观察 …… 30
没有单独的磁极 …… 32

电磁学的兴起……33
电流磁效应的发现……35
电气化时代的来临……38

第三章 揭秘磁性的本质

物质为什么有磁性……42
磁性的两极特性……43
奇妙的磁场……46
虚拟的磁力线……48
物质的磁化……49
永磁体的特性……51
磁性材料的类别……53
核磁共振成像原理……56

第四章 地球是个大磁场

地球磁场的产生……60
地磁场及其特性……61
太阳风和太阳磁场……64
警惕偶然的磁暴……66
北极光是如何产生的……68
地球磁场与大陆漂移……71
俄勒冈旋涡的形成……74
青海湖心的冲天浪柱……76
神秘的百慕大三角……78

会走路的石头……80
不可思议的“长高岛”……83

第五章 有趣的生物磁场

磁场对生物的影响……86
候鸟靠磁场迁徙……88
鲨鱼的秘密武器……90
耳内藏有磁体的螃蟹……92
能放电的鳗鱼……93
能提前感知地震的植物……94
奇特的人体磁力现象……96
探求人体生物钟之谜……97
人体也有磁场……100
人类脑电图的诞生……103
可感知地磁场的海龟……105
带有磁性的细菌……107

第六章 磁性的神奇应用

离不开磁的发电机……110
腾空的磁悬浮列车……111
高效的强磁选矿机……113
杀伤力强大的电磁枪……115
威力强大的电磁炮……116
以光速飞行的激光武器……117

人造卫星和雷达 119
走在科技前沿的磁法勘探 122
微波杀菌的原理 123
红外线的医疗技术 125
生物磁疗的运用 126
微波炉和电磁炉 128
简捷的手表防磁方法 130

第七章 磁学家的故事

深爱实验的奥斯特 134
发现电磁感应的法拉第 136
捕捉“雷电”的人 138
统一“电磁光”的麦克斯韦 141
电磁波之父赫兹 142
爱迪生对磁学的研究 144
发明电话的贝尔 146
电报发明人莫尔斯 148
斯本塞与微波炉 150

第一章
认识磁现象

在一般人印象中，都觉得磁是较为少见的，好像主要就是磁石或磁铁吸引铁。如果你也是这么认为，就大错特错了。现代科学研究和实际应用已经充分证实：任何物质都具有磁性，只是有的物质磁性强，有的物质磁性弱；任何空间都存在磁场，只是有的空间磁场高，有的空间磁场低。所以说包含物质磁性和空间磁场的磁现象是普遍存在的。

无处不在的磁场

磁已深入到我们的生活中，或者说我们的生活每时每刻都和磁性有关。没有它，我们就无法看电视、听收音机、打电话；没有它，甚至连夜晚都是一片漆黑。

人类虽然很早就认识到磁现象，但直到了近代，人类对磁现象的认识才逐渐系统化，发明了不计其数的电磁仪器，像电话、无线电、电视机、微波炉、发电机、电动机等。如今，磁技术已经渗透到了我们的日常生活和工农业技术的各个方面，我们已经越来越离不开磁性材料的广泛应用。

由于物质的磁性既看不到，也摸不着，我们无法通过自己的五种感官直接体会磁性的存在，但人们还是在实践中逐步揭开了其神秘面纱。我国是对磁现象认识最早的国家之一，公元前4世纪左右成书的《管子》中就有“上有慈石者，其下有铜金”的记载，这是关于磁的最早记载。类似的记载，在其后的《吕氏春秋》中也可以找到：“慈石召铁，或引之也”。东汉高诱在《吕氏春秋注》中谈到：“石，铁之母也。以有慈石，故能引其子。石之不慈者，亦不能引也”。在东汉以前的古籍中，一直将磁写作慈。相映成趣的是磁石在许多国家的语言中都含有慈爱之意。

大地有磁场

磁铁有两个磁极，一个是N极，另一个是S极。一块磁铁，如果从中间锯开，它就变成了两块磁铁，它们又各有一对磁极。再将磁铁

锯开，则锯开的磁铁又会变成两个磁极。不论把磁铁分割得多么小，它总是有N极和S极，也就是说N极和S极总是成对出现，无法让一块磁铁只有N极或只有S极。

磁极之间有相互作用，即同性相斥、异性相吸。也就是说，N极和S极靠近时会相互吸引，而N极和N极靠近时回互相排斥。知道了这一点，我们就明白了为什么指南针会自动指示方向。原来，地球就是一块巨大的磁铁，它的N极在地理的南极附近，而S极在地理的北极附近。这样，如果把一块长条形的磁铁用细线从中间悬挂起来，让它自由转动，那么，磁铁的N极就会和地球的S极互相吸引，磁铁的S极和地球的N极互相吸引，使得磁铁方向转动，直到磁铁的N极和S极分别指向地球的S极和N极为止。这时，磁铁的N极所指示的方向就是地理的北极附近。

我们知道，把一块磁铁靠近一块铁会发生什么事情——相互吸引。但如果把磁铁对着一个塑料杯子、一块木头、一张报纸或任何其他非金属的物质，似乎什么也没有发生，但实际上仍然有磁作用，只是磁效应很微弱，我们感觉不到，以致被忽略。实际上，所有物质对磁作用都有反应，因为原子核和电子都有磁性。

现在，磁已被广泛应用于社会的方方面面；如果没有磁，我们的生活就不会这样丰富多彩。

麦克风为什么能传声

麦克风，学名为传声器，是将声音信号转换为电信号的能量转换器件，也称话筒、微音器。但它为什么能传声呢?

麦克风的历史可以追溯到19世纪末，贝尔等科学家致力于寻找更好的拾取声音的办法，以用于改进当时的最新发明——电话。期间他们发明了液体麦克风和碳粒麦克风，这些麦克风效果并不理想，只是勉强能够使用。

1949年，威尼伯斯特实验室（森海塞尔的前身）研制出MD4型麦克风，它能够在嘈杂环境中有效抑制声音回授，降低背景噪声。这就是世界上第一款抑制反馈的降噪型麦克风。

1961年，德国汉诺威的工业博览会上，森海塞尔推出一个全新的麦克风制造理念——射频电容式麦克风。这种麦克风对电磁干扰非常敏感。它们对气候的影响具有很强的抗干扰性能，非常适用于一些全新的领域，例如，探险队使用，日夜在室外操作，面对温差极大的、气候恶劣的户外条件，该麦克风仍然表现出众。

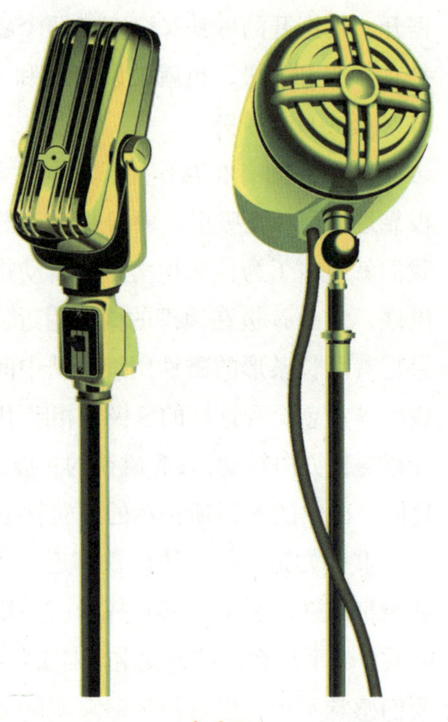

麦克风

图与文

目前，市场上销售的麦克风主要分为两大类：一类是动圈式话筒。其主要特点是音质好，不需要电源供给，但价格相对较高。另一类话筒是驻极体话筒。其特点是耐用，灵敏度较高，需要1.5～3V的电源供给，音质比同价位的动圈式话筒要差一些。但其价格相对较低，适合作播音麦克风。

20世纪初，麦克风由最初通过电阻转换声电发展为电感、电容式转换，大量新的麦克风技术逐渐发展起来，这其中包括铝带、动圈等麦克风，以及当前广泛使用的电容麦克风和驻极体麦克风。

圈麦克风的工作原理是以人声通过空气使震膜振动，然后在

震膜上的电磁线圈绕组和环绕在动圈麦头的磁铁形成磁力场切割，形成微弱的波动电流。电流输送到扩音器，再以相反的过程把波动电流变成声音。

音箱是整个音响系统的终端，其作用是把音频电能转换成相应的声能，并把它辐射到空间去。它是音响系统极其重要的组成部分，因为它担负着把电信号转变成声信号供人的耳朵直接聆听这么一个关键任务，它要直接与人的听觉打交道，而人的听觉是十分灵敏的，并且对复杂声音的音色具有很强的辨别能力。由于人耳对声音的主观感受正是评价一个音响系统音质好坏的最重要的标准，因此，可以认为，音箱的性能高低对一个音响系统的放音质量起着关键作用。

家电中的多种磁性材料

1946 年底，世界上第一个晶体管的诞生，标志着半导体收音机时代的到来。收音机的工作原理就是把从天线接收到的高频信号，经检波（解调）还原成音频信号，送到耳机或喇叭变成音波。

天空中存在着各种各样自然产生的和人工发射的不同频率的无线电波。如果把这许多电波全都接收下来，音频信号就会像处于闹市之中一样，许多声音混杂在一起，结果什么也听不清了。为了设法选择所需要的节目，在接收天线后，有一个选择性电路，它的作用是把所需的信号（电台）挑选出来，并把不要的信号“滤掉”，以免产生干扰，这就是我们收听广播时，所使用的“选台”按钮。选择性电路的输出是选出某个电台的高频调幅信号，利用它直接推动耳机（电声器）是不行的，还必须把它恢复成原来的音频信号，这种还原电路称为解调，把解调的音频信号送到耳机，就可以收到广播了。

全波段收音机（数字的也包括）可以收听中波、短波（调频）等，中波 / 调频广播可设置适合世界各国当地标准。由于该种收音机的波段全，中间没有间隔，因此它可以随心所欲地收听任何收音机广播频段的广播。

收音机用到多种磁性材料和磁性器件。例如，收音机中都要使用电声喇叭把电信号变成声音，而一般最常用的电声喇叭便是永磁式电声喇叭。这种喇叭的结构示意图如图所示，收音机所收到的电台发射机已将声音转换成的电信号，在受到电声喇叭中永久磁铁的磁场作用而使电线圈振动发声。这样便将电台发射的已转换为电信号的声音复原了。电声喇叭中的永久磁铁的磁场在这种电－声转换中起了重要的作用。喇叭则将电线圈的振动发声放大。另外在收音机中转换高频率的电信号和低频率的电信号也都需要使用多种的高频变压器和低频变压器，这些变压器也需要使用多种的磁性材料。

■图与文

收音机是用电能将电波信号转换并能收听广播电台发射音频信号的一种机器。

为了提高收音机的灵敏度和接收距离，需要使用天线。如果利用磁性材料制成磁天线，不但可以显著减小天线的尺寸，而且还可以显著提高收音机的灵敏度。这种磁天线的性能既同天线的设计有关，又同磁性材料的磁特性有关。收音机工作时需要使用电源，有使用电池作电源的，也有使用交流电源的。在使用交流电源时，又需要使用变压器来改变电压。变压器也需要采用磁性材料。这样可以看出，我们使用的收音机虽然体积很小，但是却离不开磁性材料，和用多种磁性材料制成的多种磁性器件。

电视机也是我们生活中经常应用的另一种电器。磁在电视机中的应用也是相当多的。同收音机相比较，电视机不但能听到声音，而且能看到活动的图像。在彩色电视机中还能看到色彩鲜艳逼真的彩色活动图像。因此电视机要应用比收音机更多数量、更多种类和更多功能的磁性材料和磁性器件。具体说来，电视机除了也使用收音机所使用的多种磁变压器和永磁电声喇叭外，还要使用磁聚焦器、磁扫描器和磁偏转器。

电视机的结构和工作原理是很复杂的。这里只简单地介绍磁在电视机中的作用。关于电视机中的声音部分基本上同收音机相似。这里只说明同活动图像相关的磁的应用。电视机中的活动图像的放映是在显像电子管中进行的。电视台将活动图像转换成电信号后通过无线或有线传送到电视接收机(简称电视机)中，经过一定的电信号变换和处理后再传送到显像管中。在显像管中，反映活动图像的电子束经过磁聚焦器、磁扫描器和磁偏转器的磁场聚集、扫描和偏转作用后投射到显像管的荧光屏上转换为光的活动图像。彩色电视机由红、绿、蓝 3 个基色信号组成彩色活动图像，因此显像管中含有 3 组电子束及它们的磁聚焦、磁扫描和磁偏转磁器件。再将 3 种基色活动图像合成彩色图像。因此，彩色电视的设备和成像过程等都更为复杂。但却都是采用一定的磁场来控制电子束的运动而完成成像的。

永磁电声喇叭

计算机也有磁性

现在，计算机已经普遍地应用在工农业、国防、科技、教育等各个领域，家庭用的计算机在城市也基本普及。计算机作为一种数据处理和存储系统，这种电子设备本身就自带有磁性。

从理论上来讲，电场和磁场的交互变化产生电磁波，电磁波向空中发射的现象，叫电磁辐射。过量的电磁辐射便会造成电磁污染。在这个电子产品充斥、笔记本电脑随处可见的时代，环境中的电磁辐射几乎无处不在，无孔不入。通常情况下，电磁辐射对我们的生活没有影响，只有电磁辐射达到一定量时，才能干扰电视的收看，使图像不清或变形，并发出噪声；也会干扰收音机和通信系统工作，使自动控制装置发生故障，使飞机导航仪表发生错误和偏差，影响地面站对人造卫星、宇宙飞船的控制。

电脑辐射，主要就是指电磁辐射对机体产生危害的生物作用。电脑对人类健康的隐患，从辐射类型来看，主要包括电脑在工作时产生和发出的电磁辐射污染。我们有过这样的经历，电脑关机时遇到强的磁场，屏幕会猛闪一下，说明电脑周围有磁场。

电磁辐射会直接影响到人体，使人体的内分泌系统功能紊乱，从而使皮肤代谢不规律等；电脑具有的磁性会黏附很多细粒灰尘，这些都会影响到皮肤的质量，和加剧皮肤的老化程度，它还会使皮肤变黑。不仅如此，电脑显示器背景光也成为了伤害我们眼睛的始作俑者。

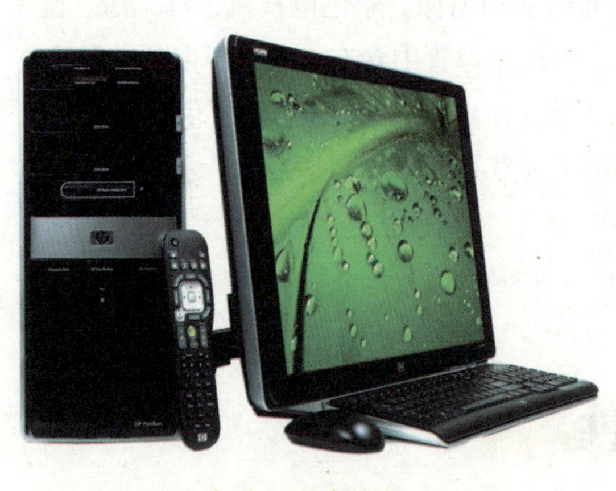

电脑周围有磁场

专家研究发现，其实凡是用电的日常家用设备都会产生电磁辐射，对人体有无危害，最重要的是要看辐射能量的大小。根据国际辐射防护协会和国际劳工组织的规定，电磁场的安全强度是0.2～0.4微特斯拉(这是24小时接触计算机时的电磁场安全限)，低于此强度对人体没有危害。

一些专门研究机构测试过计算机的电磁场强度，结果发现，紧贴荧光屏处电磁场强度为0.9，但离开荧屏约5厘米处，强度不到0.1，再远一点至30厘米处(这是计算机操作者的身体与荧屏之间的习惯距离)，其强度

几乎无法测出。此外，空间中的电磁波确实是无处不在的，但是在一般情况下，这种电磁辐射的强度很小，不会对人体健康造成伤害。我国颁布的《电磁辐射防护规定》，规定了电磁辐射污染的设备和对人员影响的标准限值，只有当电磁波达到一定强度的时候，才需要重点保护。

图与文

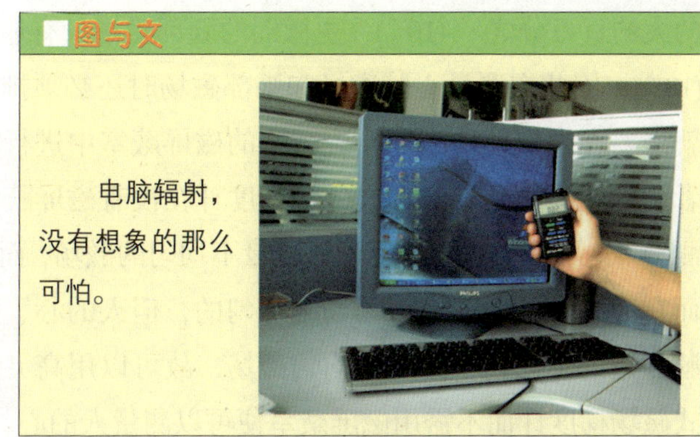

电脑辐射，没有想象的那么可怕。

从医学角度来看，电脑引起视力损伤的原因有两种：一是眼睛疲劳。无论我们长时间看电脑还是看书，眼睛都会疲劳，结果是睫状肌持续收缩，导致近视。二是电脑蓝光对眼底视网膜细胞的刺激。这种刺激本身会引起视觉细胞的凋亡，导致视力下降，而且这种刺激使眼睛更容易感到疲劳。因此要保护眼睛就必须从这两方面入手。

心磁图与脑磁图

我们在体格检查或因心脏、脑部疾病去医院就医时，常常需要做心电图或脑电图的检查，由此了解心脏或脑部的生理和病理情况。但是我们知道电的活动会产生磁场，因此在心电流产生心电图和脑电流产生的脑电图时，也应该有心磁场产生的心磁图和脑磁场产生的脑磁图。那么为什么目前医院里还没有应用心磁图和脑磁图呢？

这是因为心脏产生的心磁场和脑部产生的脑磁场都太微弱，不但需要特别的高度灵敏的测量心、脑磁场的磁强计，例如应用在很低温度下才能使用的超导量子干涉仪式磁强计，而且由于微弱的心脏磁场只有地球磁场的大约百万分之一(10^{-6})，更微弱的脑部磁场只有地球磁场的大约亿分之一(10^{-8})，因此在测量心脏磁场和脑部磁场时还必须排除地球磁场的干扰，这就需要在能把地球磁场显著减小的磁屏蔽室中进行心、脑磁场的测量，或者利用超导量子干涉仪式磁场梯度计在没有磁屏蔽室时进行心、脑磁场的测量。这是因为磁场梯度计只测量不均匀的磁场，而对均匀的磁场无反应。而在小的区域中的地球磁场是均匀的，但人的心、脑磁场却是随距离心、脑远近的不同而不同的非均匀磁场，故可以用高灵敏度的超导量子干涉仪式磁场梯度计而不需用磁屏蔽室便可以测量人的心、脑磁场。可以看出，心、脑磁场的测量要比心、脑电场的测量复杂和困难得多，因而在应用上受到许多限制。目前国外和我国虽然都研制出超导量子干涉式磁强计，大的磁屏蔽室和超导量子干涉式磁场梯度计，但都还没有实际和大量应用到心、脑磁场和心、脑磁图的测量上。

图与文

据专家解释，心磁图检查是无创伤心功能检查领域的最新技术，对心肌缺血、冠心病的诊断较心电图更敏感、更准确。

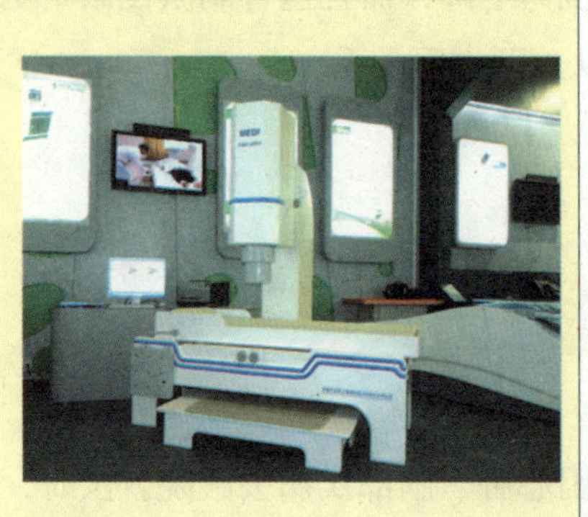

但是，从另一方面看，同心、脑电图相比较，心、脑磁图在医学应用上却有许多特点和优点。例如，心电图只能测量交变的电流信号，不能测量直流(恒定)的电流信号，因而不能应用于只产生直流异常电信号的生理病理探测，而心、脑磁图却能同时测量交变和直流(恒定)的磁场信号。又例如，心、脑电图的测量都需要使用同人体接触的电极片，而电极片的干湿程度及同人体接触的松紧程度都会影响测量的结果，同时因使用电极片，不能离开人体，故只能是二维空间的测量，但是心、脑磁图却是使用可不同人体接触的测量线圈(磁探头)，既没有接触的影响，又可以离开人体进行三维空间的测量，可得到比二维空间测量更多的信息。

再例如，实验研究结果表明，心、脑磁图比心、脑电图具有更高的分辨率。还有除了心、脑磁图外，到目前已经测量研究了人体的眼磁图、肌(肉)磁图、肺磁图和腹磁图等，取得了人体多方面的磁信息。为了提高测量人体心、脑等磁场的分辨率，可以采用几个到几十个测量磁场的磁探头。

信鸽为什么不迷失方向

1991年8月《新民晚报》报道一条消息："上海的雨点鸽从内蒙古放飞后，历经20余天，返回市区鸽巢。"

信鸽亦称"通信鸽"，它经过普通鸽子的驯化，提取其优越性能的一面加以利用和培育，人们利用信鸽是因为鸽子有天生的归巢的本能，人们培育、发展、利用它来传递紧要信息。

信 鸽

信鸽这种惊人的远距离辨认方向的本领,实在是令人啧啧称奇。据资料,早在古埃及第五王朝的时候(约公元前2500—前2350年)就有人把鸽子训练成快速而可靠的通讯工具。一直到无线电发明并得到广泛应用的第二次世界大战期间,信鸽仍在通讯战线上占有一席之地。1943年11月18日英军第56步兵旅要求空军轰炸德军的防御阵地,来配合步兵进攻德军。当英军飞机正要起飞时,一只名叫“格久”的军鸽及时地赶到,带来了十万火急的信件。原来英军已经冲破了德军的防线,有1 000名士兵已经进入到德军的防御工事阵地中,要求立即撤销轰炸的命令。好样的“格久”,由于它及时传递了命令,拯救了1 000人的生命。后来,英国伦敦市长还特意授予“格久”一枚镀金勋章!

图与文

鸽子有辨别方向的天赋,那么,人的方向辨别能力是否也一如动物是天生的?人是否只需开发自身的这种能力就行了?但科学家的回答是完全否定的。科技人员认为,人能够借助外在的一些标记,例如太阳和月亮的位置、石头或树上的苔藓等来判定方向。虽说人和任何一种动物一样,移动时也会在自身周围形成磁力场,“生物罗盘”的各个部件人体内都有,但这套系统对人不起作用。

一家著名的研发定位系统的公司曾做过一项民意调查,想弄清楚有多少人能够在陌生的地方辨别方向。来自13个国家的1.25万人参与了答题。结果表明,1/4的人不借助专门的仪器就无法找到正确的方向;许多人承认,需要利用一些外在的标志来判断方向;只有7%的人表示,总能找到所需的道路。与此同时,大多数填表人认为,方位辨别能力是一种天生的、少有的能力。事实确实如此吗?

科学家们早就开始研究人是否具有辨识方向的天赋。古希腊时已有人思考,既然信鸽能够准确无误地找到回家的路,人行不行呢?曾发生过许多猫、狗在离开主人几万米后又顺利找到主人的事;每年候鸟迁徙,飞行

路线经年不变；通过给鸟系戴标环的办法，也发现一些飞禽能一次又一次地顺利返回祖先栖息地。这就让人得出结论，动物有某种类似罗盘或导航仪的“仪器”，能够帮助它们准确地确定方位。这种“仪器”被称作“生物罗盘”。

多年来一直折磨着科学家们的问题是这种“生物罗盘”的工作原理。1975 年，马萨诸塞大学的研究人员理查德·贝克莫尔发现一组能够准确地朝北极方向移动的微生物。动物体内所寄居的这些微生物含有微量的磁铁成分，随后在鸽子等许多动物体内都找到了这种成分。科学家在人脑的灰色物质中也找到了这种磁铁成分。科学家认定，这种磁铁就是“生物罗盘”的奥妙所在。但这一说法未能得到证实，所有研究仍停留于纸面上。其后的实验，从技术上复制这一罗盘的尝试以失败告终。而且，“动物和人之所以能够确定方位，是因为磁极的存在”，这种说法本身也引起了研究者们强烈的反对。果真如此的话，鸟类飞到了磁场异常区，绝对会晕头转向而且人类靠自身的生物功能就很难确定方位。

科学家研究表明，数字信息是从动物前庭器官通过神经——独特的“导线”进入动物大脑的。研究人员认为，真正的“地图”就储存在动物的“灰色物质”里。这种“地图”实质上就像全球定位仪所使用的定位图。区别仅仅在于，动物没有“误差”或“不准”这种概念，它们的一切都分毫不差。最主要的是，无论暴风雨，还是高压电线，抑或磁场异常，都不会影响它们的“导航仪”的工作。而且，所有这些带有“地图”的“生物仪”会一代代遗传下去，后代不用学习，天生具备这种能力。

引发车祸的“凶手”

我们的周围充满了各种磁力场，比如，地球磁场，人体磁场，周围电力设备以及各种家电产品产生的磁场。这些磁力场交互作用，会产生一些我们意想不到的现象。

在世界上的很多公路上，都会有一些神秘而恐怖的死亡地带，是众多事故车祸的聚集地，而究其原因到底是为什么呢？在美国爱达荷州的一条公路上，正常行驶的车辆刚刚进入这个路段，不知为什么，忽然就被一股神秘而强大的力量忽然抛上天空很高很高，然后猛然摔下，造成车毁人亡的恶劣事故和重大伤亡。

在波兰的华沙也有一条这样的公路，司机们每当走进这里，进会感觉头昏脑涨，接着就是一连串的车毁人亡的事故。

奇特的公路

后来，在地质学家、科学家的研究和实地考察后，发现这条公路的底层下面埋藏有厚厚的磁矿石，当车辆经过这里时，很容易出现“哈奇森效应”而导致车毁人亡。

哈奇森是加拿大的一个业余物理爱好者，他喜欢鼓捣一些奇怪的科学实验，在一次实验中他那摆满各种实验仪器的屋子出现了种种奇妙的现象：放在地上的一根大铁棒竟然飞了起来，在空中悬浮了一秒钟，然后“砰”的一声，又摔到了地上。为了搞清楚真相，哈奇森一次次地重复他的实验，又有令人惊骇的现象发生。比如物体持续飘浮起来，像木头、塑料、泡沫塑料、铜、锌，它们会在空中盘旋，来回穿梭，形成旋涡并且不断升起，甚至有些物体会以惊人的速度自动抛出，撞击到人身上。这就是“哈奇森效应”，是因为触发零点能而产生的奇妙现象。

为什么会出现“哈奇森效应”？有些科学家猜测，哈奇森是在无意中“触碰”到了“零点能”，此能量由物质在绝对零度时表现的振动而得名。

最近的研究表明，有一种没有任何实物粒子的物质状态，叫“量子真空”，其场的总能量处于最低，这是一切物质运动及能量场的最初始状态，这样的状态具有无限变化的潜在能力。零点能就是由量子真空中的粒子和反粒子不断出现和湮灭产生的。

图与文

哈奇森效应，也就是由哈奇森发现的某些特定磁场的叠加产生的能量激发了物体的零点能，进而引发出巨大的能量，这种能量作用于物体之后会出现各种奇怪的现象，比如物体会飞起，金属会变形，空中会出现光束，杯子里的水会打旋等等……

哈奇森发现，当几种不同的磁源重叠并且频率发生改变时，某种能量就会被激发出来，奇妙的现象就会出现。美国爱达荷州发生的车辆抛毁现象，就属于哈奇森效应在自然环境中发生的现象。引发车祸的“凶手”也就找到了。

植物对磁场也有感应

不单是动物，植物对磁场也有“感觉”。加拿大的冬小麦的根部生长喜欢沿着磁场增强的方向，显示出“向磁性”。而水芹的根部却喜欢沿着磁场减弱的方向，显示出“背磁性”。

磁场对植物的生命活动会产生哪些影响呢？科学家做了这样一个试验：在一个潮湿的（温度在18℃～25℃）玻璃暗室内，安置一磁场对植物有影响的特制架子，上边放有过滤纸，过滤纸的两端分别与放有水的容器相连，以便使过滤纸团能均匀地吸取水分。过滤纸的上面放有两类干燥的、没有发过芽的玉米种子，一类玉米种子的胚根朝着地球的北磁极，一类朝南磁极。这样经过一些时间，玉米的种子就能慢慢地开始发芽。有趣的是，胚根朝向地球南磁极的那类玉米种子，要比胚根朝向地球北磁极的那类玉米种子早几昼夜发芽，并且还发现前者的根和茎生长都比较粗壮，而后者的种子所发的芽常常会产生弯向南磁极的形态。

为了探索其中的奥妙，有人还精心设计了一种试验设备。让种子处在强度高达 4 000 高斯的永久磁铁中，结果有趣地发现种子的幼根仿佛在避开磁场的影响，而偏向磁场较弱的一边。

这是什么原因呢？科学工作者经过了几年的研究发现，原来植物的有机体，是具有一定的磁场和极性的，并且有机体的磁场是不能对称的。一般说来，负极往往比正极强，所以植物的种子在黑暗中发芽时，不管种子

堪察加半岛

的胚芽朝哪一个方向，而新芽根都是朝向南方的。

植物对磁场也有感应

经过研究，科学工作者还发现弱磁场不但能促进细胞的分裂，而且也能促进细胞的生长，所以受恒定弱磁场刺激的植物，要比未受弱磁场刺激的根部扎得深一些。而强磁场却与此相反，它能起到阻碍植物深扎根的作用。

但任何事物并不是绝对的，有关的试验表明，当种子处在磁场中不同的位置时，如果磁场能加强它的负极，则种子的发芽就比较迅速和粗壮；相反，如果磁场能加强它的正极，则种子的发育不仅变得迟缓，而且容易患病死亡。

科学工作者曾经在堪察加半岛进行这样的实验，在种植落叶松的时候，不是按通常那样彼此之间是相互平行的，而是多向种植的，各行的树朝南、东西和西南方向排列，结果有趣地发现，生长最好的是以扇形磁场东部取向的那些树苗。根据这个科研成果，在栽种落叶松时，人们采用了一种黏性纸带，在纸带上放置已按预定方向取向的种子来进行播种。

物质的磁性从哪里来

物质的磁性来自构成物质的原子，原子的磁性又主要来自原子中的电子。那么电子的磁性又是怎样的呢？从科学研究已经知道，原子中电子的磁性有两个来源。一个来源是电子本身具有自旋，因而能产生自旋磁性，称为自旋磁矩；另一个来源是原子中电子绕原子核做轨道运动时也能产生轨道磁性，称为轨道磁性。

我们知道，物质是由原子组成的，而原子又是由原子核和位于原子核外的电子组成的。原子核好像太阳，而核外电子就仿佛是围绕太阳运转的行星。另外，电子除了绕着原子核公转以外，自己还有自转（叫做自旋），跟地球的情况差不多。一个原子就像一个小小的“太阳系”。另外，如果一个原子的核外电子数量多，那么电子会分层，每一层有不同数量的电子。第一层为1s，第二层有两个亚层2s和2p，第三层有3个亚层3s、3p和3d，依此类推。如果不分层，这么多的电子混乱地绕原子核公转，是不是要撞到一起呢？

在原子中，核外电子带有负电荷，是一种带电粒子。电子的自转会使电子本身具有磁性，成为一个小小的磁铁，具有N极和S极。也就是说，电子就好像很多小小的磁铁绕原子核在旋转。这种情况实际上类似于电流产生磁场的情况。

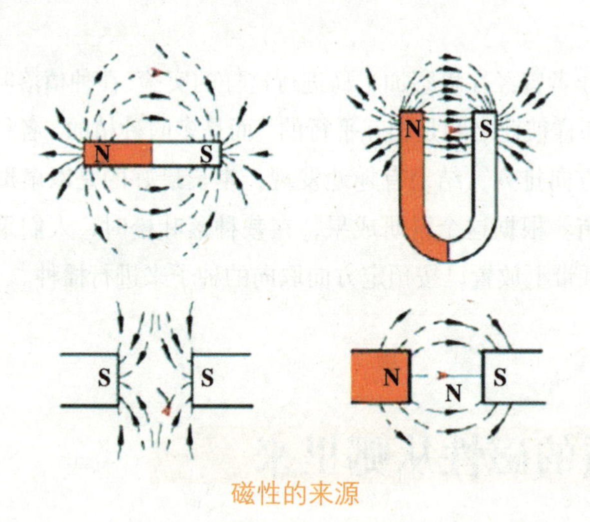

磁性的来源

既然电子的自转会使它成为小磁铁，那么原子乃至整个物体会不会就自然而然地也成为一个磁铁了呢？当然不是。如果是的话，岂不是所有的物质都有磁性了？为什么只有少数物质（像铁、钴、镍等）才具有磁性呢？

原来，电子的自转方向总共有上下两种。在一些数物质中，具有向上自转和向下自转的电子数目一样多，它们产生的磁极会互相抵消，整个原子，以至于整个物体对外没有磁性。而低于大多数自转方向不同的电子数目不同的情况来说，虽然这些电子所产生的磁矩不能相互抵消，导致整个原子具有一定的总磁矩。

但是这些原子磁矩之间没有相互作用，它们是混乱排列的，所以整个物体没有强磁性。只有少数物质（例如铁、钴、镍），它们的原子内部电子在不同自转方向上的数量不一样，这样，在自转相反的电子磁极互相抵消以后，还剩余一部分电子的磁矩没有被抵消。这样，整个原子具有总的磁矩。同时，由于一种被称为“交换作用”的机理，这些原子磁矩之间被整齐地排列起来，整个物体也就有了磁性。当剩余的电子数量不同时，物体显示的磁性强弱也不同。例如，铁的原子中没有被抵消的电子磁极数最多，原子的总剩余磁性最强。而镍原子中自转没有被抵消的电子数量很少，所有它的磁性比较弱。

第二章

磁的发现历程

磁学是一门古老的学科，它的历史可以追溯到公元前几百年。人们对于磁的认识可以分为最初现象的描述、电和磁的区分、独立发展、走向统一等几个阶段。人类很早就认识到了磁现象，但是磁与电的统一发展和广泛应用还是在 18 世纪以后。18 世纪，人们通过对电和磁的定量研究，发现了许多重要的规律。19 世纪，科学家们发现了电和磁的相互联系，电磁感应、电磁场、电磁波等理论得到不断发展和广泛应用。

我国古代对磁的认识

中华民族很早就认识到了磁现象，磁学是一个历史悠久的研究领域。指南针是中国古代四大发明之一，古代中国在磁的发现、发明和应用上还有许多都居于世界首位，可以说中国是磁的故乡。

二千多年以前，也就是春秋战国时候，中国已经用铁来制造农具了。劳动人民在寻找铁矿的时候，就发现了磁铁，并且知道它能够吸铁。中国古书《管子》上有这样的记载："上有慈石者，下有铜金"。"铜金"就是一种铁矿，因为金在当时是铁的意思。《管子》这部书产生在公元前 3 世纪，这说明中国最迟在公元前 3 世纪就知道磁石能够吸铁了。

此后，秦王嬴政完成统一大业，秦朝建立。在灭六国的过程中，秦始皇命人把各国宫殿的图样摹绘下来，在都城咸阳的上林苑，照样修建起来。于是，一座东西宽 500 步、南北长 50 丈，可容纳万人的阿房宫突兀而起，它辉煌壮丽，气宇非凡。唐代大诗人杜牧在《阿房宫赋》中描绘道："覆压三百余里，隔离天日。骊山北构而西折，直走咸阳。二川溶溶，流入宫墙。五步一楼，十步一阁；廊腰缦回，檐牙高啄；各抱地势，钩心斗角。"更为奇特的是阿房宫巨大的北阙门。如果有刺客胆敢身藏利刃，一旦进入此门，就会被大门牢牢吸住，俯首就擒。这是怎么回事呢？原来，北阙门是用磁石建造的，它天然的强大吸力，使任何用铁锻造的兵器都难以逾越。可见，磁石吸铁的原理，早在 2000 多年前就被人们开发、利用了。

实际上，我国古籍中关于磁石的记载还要早得多。春秋末年的《山海经》里说，有一条河，"西流注于泑泽，其中多磁石"。可见，古人知道磁石不仅在山上有，水里也有。磁石的最主要的特点是吸铁。秦始皇正是利用这一特性，建造了阿房宫的北阙门。除了吸铁，磁石能不能吸铜等其他金属呢？不能。这在西汉时期的《淮南子》一书里有明确记载："其与铜则

不通”，“求其引瓦，则难矣”。

据古书记载，汉武帝时候，胶东有个栾大，献给汉武帝一种斗棋。这种棋子一放到棋盘上，就会互相碰击，自动斗起来。原来栾大的棋子是用磁石做的，所以有磁性，能互相吸引碰击。汉武帝看了非常惊奇。一时龙心大悦，竟封栾大为“五利将军”。这至少说明当时栾大已经掌握了磁铁的基本性质，知道异性相吸、同性相斥的道理。

相斗的斗棋

人类最早的指南器

公元前 3 世纪，战国时期，《韩非子》中有这样的记载：“先王立司南以端朝夕”。《鬼谷子》中记载：“郑人取玉，必载司南，为其不惑也。”

公元 1 世纪，东汉王充在《论衡》中写道：“司南之杓，投之于地，其柢指南”。公元 11 世纪，北宋沈括在《梦溪笔谈》中提到了指南针的制造方法：“方家以磁石磨针锋，则能指南……水浮多荡摇，指抓及碗唇上皆可为之，运转尤速，但坚滑易坠，不若缕悬之最善。”同时，他还发现了磁偏角，即：地球的磁极和地理的南北极不完全重合。

可见，磁石的发现、磁石吸铁的发现、磁石指南和最早磁指南器(司南)的发明、指南针的发明和应用、地球磁偏角的发现、地球磁倾角的利用、磁在医药上的应用，北极光地球磁现象和太阳黑子太阳磁现象的发现和最早最多的记载等，都是中国最早发现、发明、应用和记载的，或者居于世界的前列。

司南是我国春秋战国时期发明的一种最早的指示南北方向的指南器，还不是指南针。根据春秋战国时期的《韩非子》书中和东汉时期思想家王充写的《论衡》书中的记载，以及现代科学考石学家的考证和所制的司南模型，说明司南是利用天然磁石制成汤勺形，由其勺柄指示南方。而在春秋战国时期的《管子》书中和《山海经》书中便有了关于慈石的记载，而在这一时期的《鬼谷子》书中和《吕氏春秋》书中还进一步有了慈石吸铁的记载。这可以说是古代最早的磁指南器，现在北京的中国历史博物馆和其他地方的许多博物馆都有司南的模型展出。这里要指出关于指南车的问题，历史上传说黄帝(约前 47 世纪)和西周周公(约前 21 世纪)曾制造和使用指南车，但是经过后来的文献考证和模型制作试验，都已证明指南车与指南针没有关系，汉代以后的指南车是依靠机械结构，而不是依靠磁性指南的。现在北京的中国历史博物馆中也有指南车的模型展出。

司南是利用天然磁石制造的，在矿石来源、磨制工艺和指向精度上都受到较多的限制，因此到了北宋时代，由于军事和航海等需要和材料与工艺技术的发展，先后利用人造的磁铁片和磁铁针以及人工磁化方法制成了在性能和使用上比司南先进的指南鱼和指南针。指南鱼的制法最早出现在北宋的《武经总要》(1044年)书中，大意是将铁片剪成首尾两端尖锐的鱼形，放在炭火中烧红后取出，使尾部指向北方斜放入水中。将这样制成的指南鱼放在水碗中便可指示南北方向。可以看出，这种长

指南针的前身——指南器

期经验积累的制造方法是符合科学原理的：首先利用水中淬火产生相变和（地）磁场热处理可以提高指南鱼铁片的磁性和矫顽力；其次利用首尾两端尖锐的长条形铁片可以提高指向精度和减小退磁因素；再次是利用铁片向北倾斜放入水中淬火能更接近地（球）磁场倾角即接近总地磁场方向，可以提高磁场热处理的效果。

图与文

中国是世界上公认发明指南针的国家。指南针的发明是我国汉族劳动人民在长期的实践中对物体磁性认识的结果。由于生产劳动，人们接触了磁铁矿，开始了对磁性质的了解。人们首先发现了磁石吸引铁的性质，后来又发现了磁石的指向性。经过多方面的实验和研究，终于发明了实用的指南针。

在指南鱼发明后不久，又发明了一种意义更重大、制法更简单、使用更方便和用途更广泛的指南针。最早是北宋的著名政治家和科学家沈括在其著作《梦溪笔谈》(1086 年）中记述的，大意是利用天然磁石磨铁针，受磨的铁针就能指向南方。有 4 种指南针的用法：将指南针放在指甲上的指爪法，将指南针放在碗口边上的碗唇法，将指南针悬挂在新蚕丝上并用蜡粘住的缕悬法，将指南针横贯灯尺而浮水面的浮针法。还记述指南针并不完全指南，而是略微东。这就是磁偏角现象。这表明当时对于指南针的指向观察是很仔细的。

 能吸附物体的琥珀

我国远在战国秦汉时期就对静电现象和静磁现象进行观察研究，人们

就知道许多电磁现象，其中包括磁铁、琥珀具有的吸引物体的能力。到汉以前，人们已知玳瑁、琥珀等物体经过摩擦可以吸取草芥等一类轻小物体。至三国时期，人们又发现发霉以后的腐芥不被吸引。

《三国志·吴书》载：“虞翻少好学，有高气。年十二，客有候其兄者，不过翻。翻追与书曰：‘仆闻琥珀不取腐芥，磁石不受曲针。过而不存，不亦宜乎！’”

琥 珀

从现代科学观点看，草芥要能被琥珀吸引，必须干燥，在带静电的琥珀作用下，草芥表面也形成带相反极性的静电层，因而能被琥珀所吸引。而腐芥则含有水分，本身已成为导体，自然不能被琥珀吸引。年仅十二的虞翻，闻知琥珀不取腐芥，说明时人已经有此经验知识。

南北朝时期，人们还通过能否拾芥的试验来判断琥珀的真伪。刘宋雷敩在《雷公炮炙论》中写道，“琥珀如血色，熟于布上拭，吸得芥子者真也。”可见此时对于琥珀拾芥现象的认识已相当普遍了。这时，对静磁现象有了进一步认识。上文提到虞翻已知“琥珀不取腐芥，磁石不受曲针”。此处的“曲针”是指与钢（铁）针相对的由较软金属（如金、银、铜等）制成的容易弯曲的针。三国魏曹植（192—232 年）在他的一首诗《矫志》中说：“磁石引铁，于金不连。”此处的“金”也是与铁相对提的，可见也是指铁以外的金属。这表明当时人们已用磁石对铁及其他金属做过实验，从而知道磁石只能引铁，其他金属都不能被吸引。

雷敩还用磁石吸铁的特性来判别磁石的优劣。《雷公炮炙论》云：“夫欲验者，一斤磁石，四面只吸铁一斤者，此名延年沙；四面只吸得铁八两者，名曰续未石；四面只吸得五两已来者，号曰磁石。”从雷敩这些说法

中可以看出，他对磁石的吸铁性是做过多次实验的。磁石吸铁的特性还被应用于医疗上。葛洪在《肘后备急方》中说：“治小儿误吞针：用磁石如枣核大，磨令光，钻作窍，丝穿，令含，针自出。”这种治疗小儿误吞针的方法后世多有采用。

山海经图赞

对这种静磁现象的，我国古人曾试图加以解释。晋郭璞在《山海经图赞》中说：“磁石吸铁，琥珀取芥，气有潜通，数亦冥会，物之相投，出乎意外。”郭璞认为磁石和铁、琥珀和芥的这种物物相投的现象是很奇妙的。究其原因，是由于两种物体均有“气”的“潜通”的缘故。他认为这种气的潜感是物体的本性，是符合自然法则的。事实上，郭璞的这种观点是对先秦元气学说的发展和具体运用，这是很可贵的。此种“气”的观点一直影响着后世学术的发展。

直到 16 世纪末，在电磁学领域里，第一个留下划时代功绩的是英国人吉尔伯特。1600 年，他出版了著名的《论磁石》一书，吉尔伯特的贡献之一是清楚地区分了电现象和磁现象。除了琥珀，他还确认玻璃、硫磺、宝石、石蜡等受到摩擦后产生的力与磁铁矿的磁力完全不一样，吉尔伯特给这种力起名为电力，电力一词由此而来。

 慈石与指南针的应用

我国对磁的应用，有着悠久的历史。古时，天然磁石称作慈石，意思

用慈爱来描述磁石吸铁的现象，因为它一碰到铁就吸住，好像一个慈祥的母亲吸引自己的孩子一样。后来，人们才称它为“磁石”。在西汉的《史记》(约前90年)书中的“仓公传”便讲到齐王侍医利用5种矿物药(称为五石)治病。这5种矿物药是指磁石、丹砂、雄黄、矾石和曾青。随后历代都有应用磁石治病的记载。

在东汉的《神农本草》(约2世纪)药书中，便讲到利用味道辛寒的慈(磁)石治疗风湿、肢节痛、除热和耳聋等疾病，南北朝陶弘景著的《名医别录》(510年)医药书中讲到磁石可以养肾脏，强骨气，通关节，消痈肿等。唐代著名医药学家孙思邈著的《千金方》(652年)药书中还讲到用磁石等制成的蜜丸，如经常服用可以对眼力有益。北宋何希影著的《圣惠方》(1046年)医药书中又讲到磁石可以医治儿童误吞针的伤害，这就是把枣核大的磁石，磨光钻孔穿上丝线后投入喉内，便可以把误吞的针吸出来。南宋严用和著的《济生方》(1253年)医药书中，又讲到利用磁石医治听力不好的耳病，这是将一块豆大的磁石用新绵塞入耳内，再在口中含一块生铁，便可改善病耳的听力。

天然磁石

总的说来，在各个朝代的医药书中常有用磁石治疗多种疾病的记载。明代著名药学家李时珍著的《本草纲目》，关于医药用磁石的记述内容丰富并具有总结性，对磁石形状、主治病名、药剂制法和多种应用的描述都很详细，例如磁石治疗的疾病就有耳卒聋闭、肾虚耳聋、老人耳聋、老人虚损、眼昏内障、小儿惊痫、子宫不收、直肠脱肛、金疮肠出、金疮血出、误吞针铁、疔肿热毒、诸般肿毒等10多种疾病，利用磁石制成的药剂有磁朱丸、紫雪

散和耳聋左慈丸等。

古人对指南针的运用也由来已久。指南针在北宋时发明以后，很快就在航海上得到了应用。在未采用指南针前，航海是白昼依靠太阳和夜里依靠恒星的位置来确定方向的，称为天文导航。

但是天文导航受天气影响很大，而指南针及其装有指示方位的罗盘则不受天气影响，故在航海上得到重要应用。最早记载指南针在航海上应用的是北宋的《萍州可谈》(1119 年)，书中讲到："舟师识地理，夜则观星，昼则观日，阴晦观指南针。"这也是世界上关于指南针应用于航海的最早记载。到南宋时的《诸蕃志》书中的记载则是海船上昼夜都是使用指南针导航了。到元代时已用指南针来确定航海路线，称为针路。也出现了在指南针下加上有 24 个方位的指示盘，把指南针和指示盘合称罗盘，也称罗经盘。明朝初年，航海家郑和率领庞大船队多次远航东洋和西洋，他们远航船队使用的航海图包括指南针罗盘导航的针路图和天文导航的过洋牵星图。明清两代的海船尾部已设有专放罗盘指南针的针房。

图与文

航海是由一方陆地去到另一方陆地的活动，但在古代是一种冒险行为，因为人类的地理知识有限，彼岸是不可知的世界。指南针在最初航海中发挥了重要的作用。

指南针在主要应用于航海外，还应用于古代多种便携式日晷、天文仪器和测量仪器中。现在北京故宫博物院还收藏有这些带指南针的便携式日晷、天文仪器和测量仪器。另外指南针罗盘也用于古代营建房屋和勘舆术等。

地磁现象的观察

北极光是发生在地球北极区及其附近高纬度区域高空的多种色彩和多种形状的发光现象。这种发光现象也发生在南极区及其附近高纬度区域的高空，称为南极光。一般统称为极光。太阳黑子是在太阳表面出现的小的暗淡区域，其大小、数目和位置都随时间变化。地球极光和太阳黑子这两种自然现象出现的原因及其同磁的关系虽然是在近代科学发展后才弄清楚，但是其观察和记载却是很早的。我国古代在地球极光和太阳黑子的观察记载在世界上是最早、也是最多最丰富的。

图与文

长久以来极光的神秘一直是人们想要了解与探索的。在20世纪，人们利用照相机、摄影机及卫星，才清楚地了解到北极光是太阳能流与地球磁场碰撞产生的放电现象，它是一束束电子光河，在离地球60英里(96千米)的高空，释放出100万兆瓦的光芒。但在古代，人们只有发挥无穷的想象力，来叙述这奇妙的大自然景色，因而有了许多古老的神秘传说。

为什么说地球极光和太阳黑子与磁有关，是一种地球磁现象和一种太阳磁现象呢？简单地说，当太阳和其他天体发射的能量高和速度快的带电粒子如电子和质子(氢原子核)等到达地球高空时，受到高空地球磁场的作用，便折向地球北极或南极运动，同高空的原子、分子和离子等粒子发生强烈碰撞，因而使这些高空粒子产生电离和发光现象。不同的粒子便会产生不同颜色的发光。这就是极光，因此，极光是同地球磁场相关的地磁现象。太阳表面的温度很高，表面物质在高温下都变

的带负电荷的电子与带正电荷的原子核互相分离的等离子体。太阳又具有磁场。太阳的大部分表面都只有很弱的磁场，大约万分之一特斯拉，同地球磁场相近；但在太阳表面少数很小区域的磁场却要高几百倍到几千倍。太阳表面在磁场作用下的磁等离子体要保持平衡，强磁场处的磁等离子体的温度就必须降低约 1 000 开 (10^3K)，因而使亮度降低，出现黑子现象。因此太阳黑子是同太阳磁场相关的太阳磁现场。

我国在传说的黄帝时代便有黄帝母亲看见“大电绕北斗枢星”的传说，大电便是指北极光现象。到秦代便有确定年月的北极光现象的记载，到西汉时就更进一步有了确定年月日的北极光现象记载。我国历代关于北极光现象的记载是极为丰富的。根据科学家和历史学家的统计，从传说的黄帝时代(约前 27 世纪)到 16 世纪初，我国便有 350 多次关于北极光现象的记载，在公元 1—10 世纪期间有 180 多次北极光现象的记载，而其中有确定年月日的记载便有 140 多次。这在世界上是北极光现象观察记载最早和最多的。由于北极光现象的形态多种多样，我国古代关于北极光的名称也是很多的。

太阳黑子现象

我国也是对太阳黑子现象观察记载最早和最多的国家。在我国古籍《周易》(约前 11 世纪至前 771 年)一书中便有关于黑子现象的记载。到西汉以后便有太阳黑子现象出现的明确年月、甚至明确年月日的记载。根据科学家和历史学家的研究和统计，我国从公元前 1 世纪到公元 17 世纪便有 100 多次太阳黑子现象的记载。现代我国天文学家还对历史上太阳黑子活动周期等进行了统计和研究。

从上面的介绍可以看出，我国古代对于磁的发现、发明和应用是多方面的，许多都是世界上最早的。

没有单独的磁极

人类对有关磁现象的认识是从公元前六七百年就开始了，认识到天然磁矿石能吸引铁，摩擦过的琥珀能够吸引小物体。并利用磁铁的原理发明了指南针，但此后的2000多年中，人们一直停留在磁学的表面现象上。

直到1600年，英国女王的御医吉尔伯特对磁石的各种基本性质作了系统的定性描述。1600年在英国出版的他的著作《论磁，磁体和地球作为一个巨大的磁体》一书。系统地观察了磁现象和电现象，并反复实验，得出了一些经验性的结论。一是只有磁性物体才具有磁的吸力和斥力；二是磁体恒有南北两极，同名极相斥，异名极相吸，不能找到单独的磁极；三是铁制物品在磁体的影响下会磁化，并断定地球是一个大磁体，它的磁极和地理上的两极相合。

比较凑巧的是吉尔柏特在实验中选用了磁球而不是磁棒作为实验的工具。就是由于这种选择，才使他发现地球是一个大磁球，而他的磁球类似一个小地球。这个观点对同时代的科学家有较大的影响。同时，他还研究了电现象，发现不仅摩擦过的琥珀有吸引轻小物体的性质，而且其他物质像金刚石、水晶、硫磺等也有这种性质。他把这种性质称为电性。他发展了前人的试验研究，在实验过程中制作了第一只验电器，这是一根中心固定可转动的金属细棒。当摩擦过的琥珀靠近时，金属细棒可转动指向琥珀。

在对电现象和磁现象进行比较之后，深信二者之间的差异极其深刻，他以下述理由作为自己看法的依据。其一，电性质可以用摩擦的办法产生，而磁性是在自然界中的磁体才具有的。其二，磁性有两种——吸引和排斥，而电性仅仅有吸引（吉尔伯特还不知道电排斥）。其三，电吸引比磁吸引弱，

但带电体能吸引多种轻小物体。而磁力则只对少数几种物质起作用。其四，电力可以用水消灭，磁力却不能被消除。

吉尔伯特把磁、电完全割裂开来的看法，对后来的研究带来很大的影响。它使人们长期以来一直把磁和电作为两种绝然无关的现象分别加以研究，一直延续到19世纪奥斯特发现电流磁效应为止，中间约经过了两个多世纪。

大约在1663年马德堡的盖利克发明了第一台摩擦起电机并纠正了吉尔伯特的一些错误。他用硫磺制成形如地球仪的可转动球体，用干燥的手掌擦着转动的球体，使之静止而获得电。盖利克摩擦起电机经过不断改进，在静电实验研究中起着重要作用，直到19世纪霍耳兹和特普勒分别发明感应起电机后才被取代。

1729年英国的格雷研究琥珀的电效应是否可传递给其他物体时，发现导体和绝缘体的区别：金属可导电，丝绸不导电。

电磁学的兴起

18世纪以后，电磁学的发展十分迅猛。1733年法国人杜费发现绝缘起来的金属也可摩擦起电。因此，他得出所有物体都可摩擦起电。杜费最重要的发现是电有两种。他改进了吉尔伯特的验电器，用金箔代替金属细棒。他观察到摩擦过的玻璃棒接触金箔后对金箔的排斥作用，而用摩擦过的硬树脂对此金箔却产生明显的吸引。他意识到不同材料经摩擦后产生的电不同。他得到：带相同电的物体互相排斥，带不同电的物体彼此吸引。

1745年荷兰莱顿大学的穆欣布罗克为了避免电在空气中逐渐消失，试图寻找一种保存电的办法，因此而发明了莱顿瓶。18世纪后期在较好实验设备的条件下，开始了电荷相互作用的定量研究。1785年法国物理学家库仑设计了精巧的扭秤实验，直接测定了两个静止点电荷的相互作用力与它们之间的距离平方成反比，与它们的电量乘积成正比。库仑的实验得到世界的公认，从此电学的研究开始进入科学行列。1780年，意大利的生理学家伽伐尼在做青蛙解剖实验中发现了电流。

■图与文

莱顿瓶是一个玻璃瓶，瓶里瓶外分别贴有锡箔，瓶里的锡箔通过金属链跟金属棒连接，棒的上端是一个金属球。由于它是在莱顿城发明的，所以叫做莱顿瓶。这实际上是最初的电容器。

18世纪后期电学的另一个重要发展是意大利物理学家伏打发明的电池（1800年）。在这之前，电学实验只能用摩擦起电机和莱顿瓶进行，而他们只能提供短暂的电流脉冲。而伏打电池（化学电池）可以提供持续的电流。由于可以获得持续的电流，因此电便得到了广泛的应用及深入的研究。并且使电学的发展进入了一个新的阶段，即从静电学发展到动电学研究的新阶段。

人们在研究电在导体中的传播规律时，1821年德国化学家欧姆发现了欧姆定律。这是电学的基本定律之一，它揭示了电流通过电路时，电流、电压和电阻之间的关系。1847年德国物理学家基尔霍夫又提出了两个定律，即基尔霍夫定律。又称为电流定律和电压定律。

自吉尔柏特开始以后的200多年，人们一直把电和磁作为毫无关系的两门学科分别加以研究。至1820年丹麦物理学家奥斯特发现电流的磁效应后，才把电和磁联系起来，所以说奥斯特的工作是电磁学建立的开始。科学家们由此认识到电流也是磁场的来源。

奥斯特发现电流磁效应的消息传到世界各地。在瑞士日内瓦的法国物理学家阿拉果得知此消息后，随即赶回法国。于同年9月11日在法国科学院重复了奥斯特的实验。出人意料地，引起法国数学家安培的兴趣，并通过实验证实：通电的线圈与磁铁相似。1825年，安培建立了电动力学理论。

到了19世纪，英国物理学家法拉第在40年的电磁现象的实验研究中，对电磁学的发展作出了极为重要的贡献，其中最重要的贡献是1831年发现了电磁感应现象。电磁感应的发现为能源的开发和广泛利用提供了崭新的前景。

1862年，英国物理学家麦克斯韦提出了位移电流假说，从理论上建立了一组方程组，称为麦克斯韦方程组。麦克斯韦方程组从理论上预言了电磁波的存在，并预言光是电磁波。

麦克斯韦电磁理论的建立，不仅预言了电磁波的存在，而且揭示了光、电、磁这3种现象的统一性，完成了物理科学的第三次大综合，并为19世纪70年代开始的，以电力的应用为中心的第二次技术革命奠定了理论基础。

1866年德国科学家西门子发明了可供实用的自激发电机，到19世纪末实现了电能的远距离输送，电动机在生产和交通运输中得到了广泛的应用，从而极大地改变了工业生产的面貌。1888年，麦克斯韦理论上的推论和预言被德国物理学家赫兹的实验证实。

1895年，俄国的波波夫和意大利的马可尼分别实现了无线电信号的传输。于是出现了神奇的无线电的发展，极大地改变了人类的生活。

电流磁效应的发现

丹麦物理学家汉斯·奥斯特童年就热爱科学，他22岁获取博士学位，29岁任英国皇家学会常务秘书。奥斯特深受康德等人关于各种自然力相互转化的哲学思想的影响，坚信客观世界的各种力具有统一性，并开始对电、磁的统一性方面的研究。

1751年富兰克林用莱顿瓶放电的办法可使钢针磁化，这对奥斯特启发很大，他认识到电向磁转化不是可能不可能的问题，而是如何实现的问题，

汉斯·奥斯特

电与磁转化的条件才是问题的关键。开始奥斯特根据电流通过直径较小的导线会发热的现象推测：如果通电导线的直径进一步缩小那么导线就会发光；如果直径进一步缩小到一定程度，就会产生磁效应。但奥斯特沿着这条路子并未能发现电向磁的转化现象。奥斯特没有因此灰心，仍在不断实验，不断思索，他分析了以往实验都是在电流方向上寻找电流的磁效应，结果都失效了，莫非电流对磁体的作用根本不是纵向的，而是一种横向力，于是奥斯特继续进行新的探索。

1820 年 4 月的一天晚上，奥斯特在为精通哲学及具备相当物理知识的学者讲实验课时，突然来了“灵感”，在讲课结束时说：“让我把通电导线与磁针平行放置来试试看！”于是，他在一个小伽伐尼电池的两极之间接上一根很细的铂丝，在铂丝正下方放置一枚磁针，然后接通电源。这时，小磁针微微地跳动，转到与铂丝垂直的方向。小磁针的摆动，对听课的听众来说并没什么，但对奥斯特来说实在太重要了，多年来盼望出现的现象，终于看到了。当时简直使他愣住了，他又改变电流方向，发现小磁针向相反方向偏转，说明电流方向与磁针的转动之间存在某种联系。

奥斯特为了进一步弄清楚电流对磁针的作用，于 1820 年 4 月到 7 月，费了 3 个月的时间，做了 60 多个实验，他把磁针放在导线的上方、下方，考察了电流对磁针作用的方向；把磁针放在距导线不同距离，考察电流对磁针作用的强弱；把玻璃、金属、木头、石头、瓦片、松脂、水等放在磁针与导线之间，考察电流对磁针的影响……在确认无误的情况下，他于 1820 年 7 月 21 日发表了题为《关于磁针上电流碰撞的实验》的论文，这

篇论文仅用4页纸，十分简洁地报告了他的实验，向科学界宣布了电流的磁效应。1820年7月21日作为一个划时代的日子载入史册，它揭开了电磁学的序幕，标志着电磁学时代的到来。

奥斯特当时把电流对磁体的作用称为“电流碰撞”，他总结出了两个特点：一是电流碰撞存在于载流导线的周围；二是电流碰撞“沿着螺纹方向垂直于导线的螺纹线传播”。奥斯特实验证实了电流所产生的磁力的横向作用，他的20年前的信念，终于靠自己的实验证实了。有人说奥斯特的电流磁效应是“偶然地发现了磁针转动”，当然也不无道理，但是法国的巴斯德说得好：“在观察的领域中，机遇只偏爱那种有准备的头脑。”

在这一重大发现之后，一系列的新发现接连出现。大量的电与磁的新奇现象如雨后春笋般出现了，一系列的电磁规律找到了，应用广泛的电磁铁出现了。两个月后安培发现了电流间的相互作用，阿拉果制成了第一个电磁铁，施魏格发明电流计等。安培曾经写道：“奥斯特先生……已经永远把他的名字和一个新纪元联系在一起了。”奥斯特的发现揭开了物理学史上的一个新纪元。

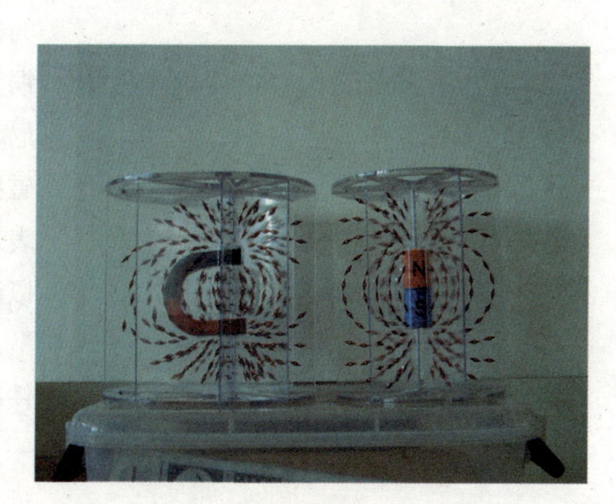
电流磁效应

电气化时代的来临

1820年奥斯特发现电流磁效应后，许多物理学家便试图寻找它的逆效应，提出了磁能否产生电，磁能否对电作用的问题。1822年阿拉果和洪堡在测量地磁强度时，偶然发现金属对附近磁针的振荡有阻尼作用。1824年，阿拉果根据这个现象做了铜盘实验，发现转动的铜盘会带动上方自由悬挂的磁针旋转，但磁针的旋转与铜盘不同步。稍滞后，电磁阻尼和电磁驱动是最早发现的电磁感应现象，但由于没有直接表现为感应电流，当时未能予以说明。

法拉第

1831年8月，法拉第在软铁环两侧分别绕两个线圈，其一为闭合回路，在导线下端附近平行放置一磁针，另一与电池组相连，接开关，形成有电源的闭合回路。实验发现，合上开关，磁针偏转；切断开关，磁针反向偏转，这表明在无电池组的线圈中出现了感应电流。法拉第立即意识到，这是一种非恒定的暂态效应。紧接着他做了几十个实验，把产生感应电流的情形概括为5类：变化的电流，变化的磁场，运动的恒定电流，运动的磁铁，在磁场中运动的导体，并把这些现象正式定名为电磁感应。进而，法拉第发现，在相同条件下不同金属导体回路中产生的感应电流与导体的导电能力成正比，他由此认识到，感应电流是由与导体性质无关的感应电动势产生的，即使没有回路没有感应电流，感应电动势依然存在。

后来，给出了确定感应电流方向的楞次定律以及描述电磁感应定量规律的法拉第电磁感应定律。并按产生原因的不同，把感应电动势分为动生电动势和感生电动势两种，前者起源于洛伦兹力，后者起源于变化磁场产生的有旋电场。

法拉第的实验表明，不论用什么方法，只要穿过闭合电路的磁通量发生变化，闭合电路中就有电流产生。这种现象称为电磁感应现象，所产生的电流称为感应电流。

电磁感应现象是电磁学中最重大的发现之一，它揭示了电、磁现象之间的相互联系。法拉第电磁感应定律的重要意义在于，一方面，依据电磁感应的原理，人们制造出了发电机，电能的大规模生产和远距离输送成为可能；另一方面，电磁感应现象在电工技术、电子技术以及电磁测量等方面都有广泛的应用。人类社会从此迈进了电气化时代。

第三章

揭秘磁性的本质

磁无处不在，在我们的身边，在大自然中，各种各样的磁现象背后都有其深刻的科学道理。通过认识磁的本质，能让我们理解更多关于神秘磁现象背后的科学道理，也会让我们对磁有更深入的理解，更能让我们对科学产生浓厚的思考与学习兴趣。

物质为什么有磁性

我们知道铁具有磁性，而金属铜就没有磁性，这里产生一个问题，为什么有的物质有磁性而有的物质没有磁性呢？实际上，铁只是能被磁铁吸引的元素中的一种。除了铁，钴、镍或铁氧体也是可以被磁体吸引的。这种物质被称为“铁磁类物质”。

为什么大多数物质不能被磁铁吸引呢？这就要从磁性的来源说起。物质的磁性来自构成物质的原子，原子的磁性又主要来自原子中的电子。那么电子的磁性又是怎样的呢？现代科学研究已经证明，原子中电子的磁性有 2 个来源：一个是电子本身具有自旋，因而能产生自旋磁性，称为自旋磁矩；另一种是原子中电子绕原子核做轨道运动时也能产生轨道磁性，称为轨道磁性。

我们学过，物质是由原子组成的，而原子又是由原子核和位于原子核外的电子组成的。原子核好像太阳，而核外电子就仿佛是围绕太阳运转的行星。电子除了绕着原子核公转以外，自己还有自转。这跟地球的情况差不多，一个原子就像一个小小的“太阳系”。另外，如果一个原子的核外电子数量多，那么电子会分层，每一层有不同数量的电子。如果不分层，这么多的电子混乱地绕原子核公转，就会撞到一起。在原子中，核外电子带有负电荷，是一种带电粒子。电子的自转会使电子本身具有磁性，成为一个小小的磁铁，具有 N 极和 S 极。也就是说，电子就好像很多小小的磁铁绕原子核在旋转。这种情况实际上类似于电流产生磁场的情况。

既然电子的自转会使它成为小磁铁，那么，原子乃至整个物体会不会就自然而然地也成为一个磁铁了呢？当然不是。如果是的话，岂不是所有的物质都有磁性了？为什么只有少数物质（像铁、钴、镍等）才具有磁性呢？原来，电子的自转方向总共有上下两种。在一些物质中，具有向上自

转和向下自转的电子数目一样多，它们产生的磁极会互相抵消，整个原子，以至于整个物体对外没有磁性。而对于大多数自转方向不同、电子数目不同的物质来说，虽然这些电子的磁矩不能相互抵消，导致整个原子具有一定的总磁矩。但是这些原子磁矩之间没有相互作用，它们是混乱排列的，所以整个物体没有强磁性。只有少数物质（例如铁、钴、镍），它们的原子内部电子在不同自转方向上的数量不一样，这样，在自转相反的电子磁极互相抵消以后，还剩余一部分电子的磁矩没有被抵消。这样，整个原子具有总的磁矩。

■图与文

马蹄形磁铁，这是人类最常用的磁物理教学工具。

同时，由于一种被称为“交换作用”的机理，这些原子磁矩之间被整齐地排列起来，整个物体也就有了磁性。当剩余的电子数量不同时，物体显示的磁性强弱也不同。例如，铁的原子中没有被抵消的电子磁极数最多，原子的总剩余磁性最强。而镍原子中自转没有被抵消的电子数量很少，所以它的磁性比较弱。

磁性的两极特性

人们发现，把一个磁铁放入一堆细小的铁钉中，当把它再拿出来时，磁铁的两端吸附了很多铁钉，而磁铁的中间部分则几乎没有吸附什么铁钉。这就是说，一块磁铁的两端磁性最强，而在磁铁的中间部分几乎没有磁性。

磁铁两端磁性最强的区域称为磁极。当把一个磁铁自由地悬挂起来时，它会自动地指向南北方向。指向北方的一极叫做北极，用字母N表示；指向南方的一极叫做南极，用字母S表示。其次，当用磁铁的北极靠近另一悬挂着的磁铁的南极时，那个磁铁会被吸引过来；用磁铁的北极去靠近那悬挂着的磁铁的北极时，那磁铁则会被推斥开去。若再拿磁铁的南极去分别靠近悬挂着的磁铁的南极和北极，看到的现象恰恰和上述情况相反，即南极被推斥开，而北极却被吸引过去。

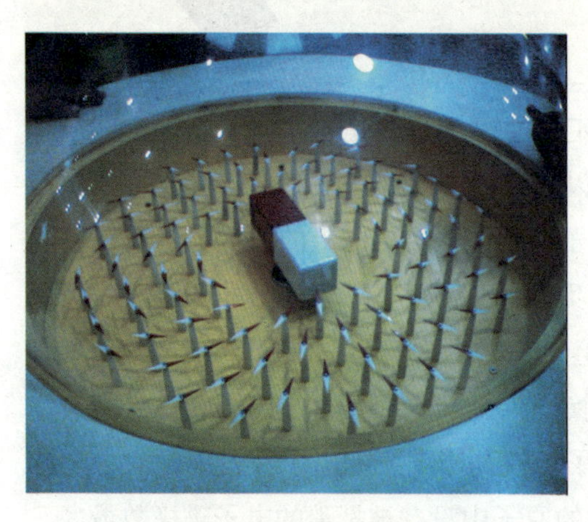

同极相斥异极相吸

这个实验表明了磁铁（包括天然的磁石），还具有另外一种重要性质，那就是任何磁体的磁极与磁极之间存在着相互作用力，而且是同名磁极相排斥，异名磁极相吸引。不管是排斥力还是吸引力，这种磁极之间的相互作用力统称为磁力。

人们在了解到磁力具有排斥和吸引这两种明显的不同性质之后，自然想要进一步知道，磁极之间的磁力究竟有多大？然而，在科学发展的道路上，几乎没有一帆风顺的事情。相反，困难倒是经常的伴侣。由于每一个磁体都具有两个不同的磁极，因此在研究一个磁体的某一磁极与另一磁体的一个磁极之间的相互作用时，就无法排除其余两个磁极的影响。

怎样克服这一困难呢？直至18世纪中叶，法国物理学家库仑和英国物理学家卡文迪许才各自独立地想出了一个聪明的办法。为了尽可能地减少其余两个“讨厌”的磁极的影响，他们制作了很细很长的磁体，开始了他们的磁引力测量实验。

由于他们使用的磁体既细又长，在研究两个磁体的磁极之间的相互作用时，只要所研究的那两个磁极之间的距离相当近，那么其他两个磁极就

离它们很远了，产生的影响自然也就微不足道了。库仑和卡文迪许的这个办法，实在是一个没有办法的办法。他们不能够改变自然界的"安排"，也不能"抛弃"那"双胞胎"中的某一个。他们的聪明恰恰在于并不去做那些根本不可能做到的事，而是在自然界允许的范围内，巧妙地进行设计，去达到自己的理想。

图与文

法国物理学家库仑，1736年6月14日生于法国昂古莱姆。他用丝线悬挂磁针，对磁力进行深入研究，他发现线扭转时的扭力和针转过的角度成比例关系，从而可利用这种装置算出静电力或磁力的大小。这导致他发明了扭秤，1785年，库仑用自己发明的扭秤建立了电磁学中著名的库仑定律。

库仑和卡文迪许的办法的另一妙处是：考虑到细长磁体的磁极比较小，因而磁性非常集中，所以可以把它看成是具有磁性的几何点，习惯上叫做点磁极。这样，最明显的好处是磁极的位置和磁极之间的距离易于明确地表示和量度，正像一粒细砂的位置比一堆砖石的位置更容易说得准确，两个石子之间的距离比两座山的距离更容易度量一样。显然，不同磁体的磁极的磁性强弱程度一般说来是不相同的。他们把磁极磁性的强弱程度简称为磁极强度。当库仑和卡文迪许对具有各种不同的磁极强度的磁极之间的相互作用力做了大量的实验研究之后，磁力的规律终于找到了：两个磁极之间的磁力（不管是引力或斥力）的大小，跟它们的磁极强度的乘积成正比，跟它们之间的距离的平方成反比，力的方向在这两个磁极的连线上。这就是著名的库仑定律。

奇妙的磁场

磁场是一种看不见摸不着的特殊物质。磁体周围存在磁场，磁体间的相互作用就是以磁场作为媒介的。由于磁体的磁性来源于电流，电流是电荷的运动，因而概括地说，磁场是由运动电荷或电场的变化而产生的。

磁场的基本特征是能对其中的运动电荷施加作用力，即通电导体在磁场中受到磁场的作用力。磁场对电流、对磁体的作用力或力距皆源于此。而现代理论则说明，磁力是电场力的相对论效应。与电场相仿，磁场是在一定空间区域内连续分布的向量场，描述磁场的基本物理量是磁感应强度矢量 B，也可以用磁感线形象地图示。然而，作为一个矢量场，磁场的性质与电场颇为不同。运动电荷或变化电场产生的磁场，或两者之和的总磁场，都是无源有旋的矢量场，磁力线是闭合的曲线簇，不中断，不交叉。换言之，在磁场中不存在发出磁力线的源头，也不存在会聚磁力线的尾闾，磁力线闭合表明沿磁力线的环路积分不为零，即磁场是有旋场而不是势场，不存在类似于电势那样的标量函数。

磁　场

电磁场是电磁作用的媒递物，是统一的整体，电场和磁场是它紧密联系、相互依存的两个侧面，变化的电场产生磁场，变化的磁场产生电场，变化的电磁场以波动形式

在空间传播。电磁波以有限的速度传播，具有可交换的能量和动量，电磁波与实物的相互作用，电磁波与粒子的相互转化等等，都证明电磁场是客观存在的物质，它的“特殊”只在于没有静质量。

在电磁学里，磁石、磁铁、电流、含时电场，都会产生磁场。处于磁场中的磁性物质或电流，会因为磁场的作用而感受到磁力，因而显示出磁场的存在。磁场是一种矢量场；磁场在空间里的任意位置都具有方向和数值大小。磁铁与磁铁之间，通过各自产生的磁场，互相施加作用力和力矩于对方。运动中的电荷会产生磁场，磁性物质产生的磁场可以用电荷运动模型来解释。

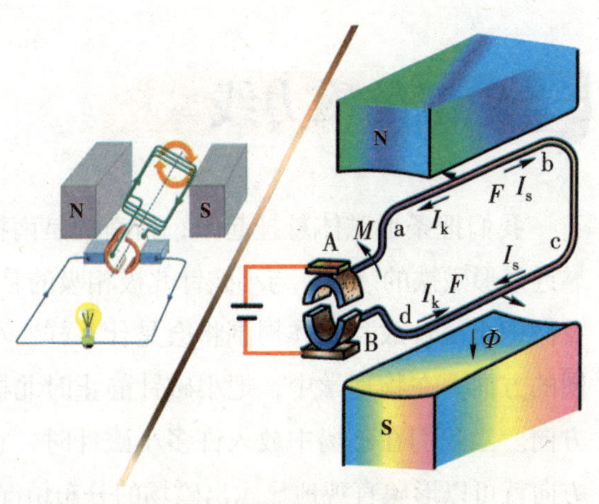

运动中的电荷会产生磁场

当施加外磁场于物质时，磁性物质的内部会被磁化，会出现很多微小的磁偶极子。磁化强度估量物质被磁化的程度。知道磁性物质的磁化强度，就可以计算出磁性物质本身产生的磁场。创建磁场需要输入能量。当磁场被湮灭时，这能量可以再回收利用，因此，这能量被视为储存于磁场。

电场是由电荷产生的。电场与磁场有密切的关系；含时磁场会生成电场，含时电场会生成磁场。麦克斯韦方程组可以描述电场、磁场、产生这些矢量场的电流和电荷，这些物理量之间的详细关系。根据狭义相对论，电场和磁场是电磁场的两面。设定两个参考系 A 和 B，相对于参考系 A，参考系 B 以有限速度移动。从参考系 A 观察为静止电荷产生的纯电场，在参考系 B 观察则成为移动中的电荷所产生的电场和磁场。

在古今社会里，很多对人类文明有重大贡献的发明都涉及到磁场的概念。地球能够产生自己的磁场，这在导航方面非常重要，因为指南针的指北极准确地指向位置在地球的地理北极附近的地磁北极。电动机和发电机的运作都依赖因磁铁转动而随着时间改变的磁场。

虚拟的磁力线

我们把条形磁体悬挂起来，指南的是南极，指北的是北极。拿小磁针靠近条形磁铁的一端，与小磁针北极相吸的是南极，另一端是北极。那么，我们把小磁针放到磁体周围将会是什么样？小磁针不再指南北，而是指不同的方向。在物理学中，把小磁针静止时北极所指的方向定为那点磁场的方向。当我们在磁场中放入许多小磁针时，它们的分布情况和北极所指的方向就可以形象直观地显示出磁场的分布情况。

如果我们用铁屑代替小磁针，在一块玻璃板上均匀地撒一些铁屑，然后把玻璃板放在条形磁体和蹄形磁体上，轻敲玻璃板，观察铁屑的分布。我们会看到铁屑在磁场的作用下转动，最后有规则地排列成一条条曲线。

铁屑的分布情况可以显示磁场的分布情况。因此，我们可以仿照铁屑的分布情况，在磁体的周围画一些曲线，用来方便、形象地描述磁场的情况。科学家把这样的曲线叫做磁力线。

磁力线又叫磁感线，磁力线是闭合曲线。规定小磁针的北极所指的方向为磁力线的方向。磁铁周围的磁力线都是从N极出来进条形磁体的磁力线入S极，在磁体内部磁力线从S极到N极。磁感线只是帮助我们描述磁场，是假想的，实际并不存在。

磁力线是用来形象地描述磁场状态的一种工具，磁力线和描述电场情况的电力线非常相似，以力线上某一点的切线方向表示该点的磁场强度的方向，以力线的疏密程度表示磁场的强度。

磁力线的概念是英国科学家法拉第在1831年提出的，他引入磁力线是用来描述磁作用的。在研究磁体吸引铁类物质的现象时，法拉第认为，磁

体是一块非同寻常的物质，它向四面八方伸出许多无形的“触须”，直到空间的各个角落。正是靠着这些“触须”——法拉第把它们称为磁力线，磁体才能把铁类物质“拉”向自己身边。

依照这一想法，法拉第画出了磁体在各种情况下的“触须”，这就是今天在任何物理学课本中都能见到的磁力线图。磁力大的地方“触须”密集；磁力小的地方“触须”稀疏。

当然，法拉第并没有天真地认为这些“触须”是真有其物，他只不过是企图形象而又明白地去解释实实在在的磁力作用。然而重要的是，一个深刻而卓越的物理思想和与之相应的物理学概念——场，在法拉第这项艰苦的工作中诞生了。

法拉第提出：在磁体周围充满着疏密不均，而且弯曲程度各异的“触须”的空间，存在着“场”，并取名为“磁场”。空间中某点磁场的强弱，叫磁场强度，可用磁力线在该点附近的疏密程度来表示，并且规定，垂直穿过场中某一面积的磁力线的总数叫做该面积的磁通量。

法拉第在磁力线的启示下，提出了场是真实的物理存在，场的作用不是突然发生的“超距作用”，而是经过磁力线逐步传递的。这些概念对电磁场理论的发展有着重大推动作用。

现在人们了解到，磁场、电场都是一种特殊形态的物质，并不需要磁力线的解释。这些解释必然受到机械观念的限制。但是用磁力线（包括电力线）作为场的一种模型，使比较抽象的场得到形象的直观表示，不仅历史上起过很好的作用，而且现在仍然为人们所沿用。

物质的磁化

磁化现象在日常生活中较为常见，例如机械表放在强磁场处一段时间，手表就走时不准了；电工用的螺丝刀碰一下螺丝钉，螺丝钉就被吸了起来等等。那么磁化到底是怎么一回事？

磁化是使原来没有磁性的物体获得磁性的过程。不是所有的物体都会被磁化，例如磁铁不能吸引铜、铝、玻璃等，说明了这些物体不能被磁化。凡是可以磁化的物质，都有磁分子构成，未被磁化前，这些磁分子杂乱地排列，磁作用相互抵消，对外不显磁性。当受到外界磁场磁力的作用时，它们会排列整齐。在中间的磁分子间磁作用虽被抵消，但在两端则显示了较强的磁作用，出现了所谓磁性最强的磁极，但如果磁化后被敲打或火烤排列会重新无序，磁性又将消失。例如电饭锅中的温度达到 103℃左右，磁钢的磁性自动消失。

我们可以做一个简单的实验。找一个 3~4 寸（1 寸≈3.33 厘米）长的铁钉，把它放在火上烧红，再把它埋在沙里慢慢冷却，这叫退火。待铁钉凉透之后，把它靠近大头针，它对大头钉没有一点儿磁力。然后，你左手拿着铁钉，一头对准北方，另一头对准南方，右手拿起木块，在钉头上敲打 7~8 下。你再把铁钉放进大头针盒里，它就能吸起一些大头针了。敲打几下，铁钉磁化成磁铁了，虽然它的磁力不大。如果把它朝东西方向放好，再敲几下，它的磁力又会消失。有兴趣的朋友可以试一试。

物质的磁化

原来铁钉没磁化前，它内部的许多小磁体，杂乱无章，磁力相互抵消，所以没磁力。当你把铁钉朝南北方向放好，敲打它，内部的小磁体受振，在地磁的作用下，就会规矩地排列起来，铁钉就有磁性了。当你把铁钉朝东西方向放好，再敲打时，铁钉内部的小磁体又会变得乱七八糟，所以铁钉没有磁性了。

我国古代对磁化现象就有一定的研究和利用。早在 11 世纪，曾公亮在

《武经总要》一书中，就有了关于指南鱼的人工磁化方法，这是世界上人工磁化方法的最早实践。这种人工磁化方法，是利用地球磁场使铁片磁化。即把烧红的铁片放置在子午线的方向上，烧红的铁片内部分子处于比较活动的状态，使铁分子顺着地球磁场方向排列，达到磁化的目的。蘸入水中，可把这种排列较快地固定下来，而鱼尾略向下倾斜可增大磁化程度。

而沈括在《梦溪笔谈》中提到另一种人工磁化的方法："方家以磁石摩针锋，则能指南。"按沈括的说法，当时的技术人员用磁石去摩擦缝衣针，就能使针带上磁性。

从现在的观点来看，这是一种利用天然磁石的磁化作用，使钢针内部磁畴（磁性方向一致的微小区域）的排列趋于某一方向，从而使钢针显示出磁性的方法。这种方法比地磁法简单，而且磁化效果比地磁法好。摩擦法的发明不但世界最早，而且为有实用价值的磁指向器的出现创造了条件。

永磁体的特性

能够长期保持其磁性的磁体称永久磁体，简称为永磁体。如天然的磁石（磁铁矿）和人造磁钢（铁镍钴磁钢）等。永磁体是硬磁体，不易失磁，也不易被磁化。而作为导磁体和电磁铁的材料大都是软磁体。永磁体极性不会变化，而软磁体极性是随所加磁场极性而变的。

永磁体有天然磁体、人造磁体 2 种。天然磁体是直接从自然界得到的磁性矿石。人造磁体通常是用钢或某些合金，通过磁化、充磁制成的。永磁体是能够长期保持磁性的磁体。永磁体可以制成各种形状，常见的有条形磁铁、针形磁铁和马蹄形磁铁。

永磁体是指在外加磁场去掉后，仍能保留一定剩余磁化强度的物体。要使这样的物体剩余磁化强度为零，磁性完全消除，必须加反向磁场。使铁磁质完全退磁所需要的反向磁场的大小，叫铁磁质的矫顽力。钢与铁都是铁磁质，但它们的矫顽力不同，钢具有较大的矫顽力，而铁的矫顽力较小。这是因为在炼钢过程中，在铁中加了碳、钨、铬等元素，炼成了碳钢、钨钢、铬钢等。碳、钨、铬等元素的加入，使钢在常温条件下，内部存在各种不均匀性，如晶体结构的不均匀、内应力的不均匀、磁性强弱的不均匀等。这些物理性质的不均匀，都使钢的矫顽力增加。而且在一定范围内不均匀程度愈大，矫顽力愈大。但这些不均匀性并不是钢在任何情形下都具有的或已达到的最好状态。

为使钢的内部不均匀性达到最佳状态，必须要进行恰当的热处理或机械加工。例如，碳钢在熔炼状态下，磁性和普通铁差不多；它从高温淬炼后，不均匀才迅速增长，才能成为永磁材料。若把钢从高温度慢慢冷却下来，或把已淬炼的钢在六七百摄氏度熔炼一下，其内部原子有充分时间排列成一种稳定的结构，各种不均匀性减小，于是矫顽力就随之减小，它就不再成为永磁材料了。

钢或其他材料能成为永磁体，就是因为它们经过恰当的处理、加工后，内部存在的不均匀性处于最佳状态，矫顽力最大。铁的晶体结构、内应力

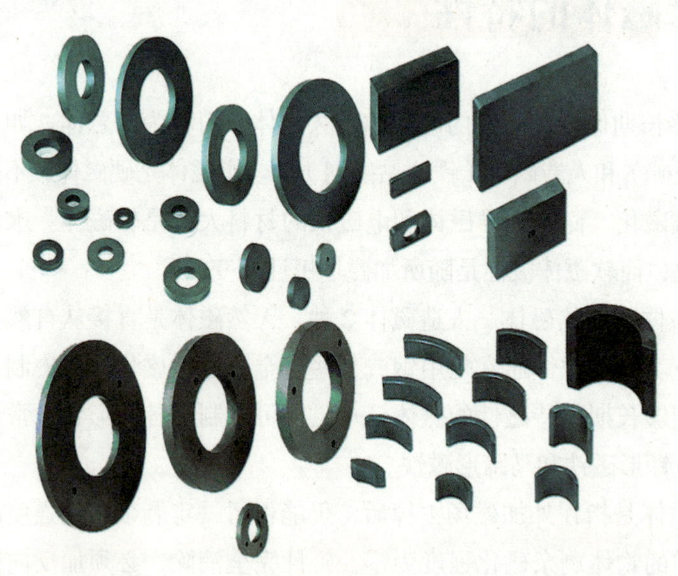

永磁材料

等不均匀性很小，矫顽力自然很小，使它磁化或去磁都不需要很强的磁场，因此，它就不能变成永磁体。通常把磁化和去磁都很容易的材料，称为“软”磁性材料。“软”磁性材料不能作永磁体，铁就属于这种材料。永磁铁用处很多，如在各种电表、扬声器、耳机、录音机、永磁发电机等设备中都需要永磁体。

值得注意的是，永磁体并不是“永远保持磁性”的意思。永磁体的磁性是由内部极其微小的磁畴（磁性方向一致的微小区域）总体排列有序带来的。只要破坏这个有序性，磁性就会部分或者全部消失。比如摔打或者高温都可以使永磁体的磁性消失。

永磁体应用范围多种多样，其中包括电视机、扬声器、音响喇叭、收音机、皮包扣、数据线磁环、电脑硬盘、手机震动器等等。扬声器这类永磁体是利用通电线圈在磁场中运动的原理来发声。喇叭上的永磁体则是利用线圈中电流发生变化时，电流产生的磁场与之相作用，使得线圈和磁铁相对位置发生改变，带动喇叭上的纸盆发生振动，推动空气并传播这个振动，人耳从而听到声音。总之，永磁体在人们生活中无所不在，它方便了我们的生产生活。

磁性材料的类别

磁性是物质的一种基本属性。物质按照其内部结构及其在外磁场中的性状可分为抗磁性、顺磁性、铁磁性、反铁磁性和亚铁磁性物质。铁磁性和亚铁磁性物质为强磁性物质，抗磁性和顺磁性物质为弱磁性物质。磁性材料按性质分为金属和非金属两类，前者主要有电工钢、镍基合金和稀土合金等，后者主要是铁氧体材料。按使用又分为软磁材料、永磁材料和功能磁性材料。这里主要介绍硬磁材料和软磁材料。

永磁功能材料常称永磁材料，又称硬磁材料，而软磁功能材料常称软磁材料。这里的硬和软并不是指力学性能上的硬和软，而是指磁学性能上的硬和软。磁性硬是指磁性材料经过外加磁场磁化以后能长期保留其强磁性(简称磁性)，其特征是矫顽力(矫顽磁场)高。矫顽力是磁性材料经过磁化以后再经过退磁使具剩余磁性(剩余磁通密度或剩余磁化强度)降低到零的磁场强度。而软磁材料则是加磁场既容易磁化，又容易退磁，即矫顽力很低的磁性材料。退磁是指在加磁场(称为磁化场)使磁性材料磁化以后，再加同磁化场方向相反的磁场使其磁性降低的磁场。

永磁材料是发现和使用都最早的一类磁性材料。我国最早发明的指南器(称为司南)便是利用天然永磁材料磁铁矿制成的。现在的永磁材料不但种类很多，而且用途也十分广泛。常用的永磁材料主要具有 4 种磁特性：一是高的最大磁能积。最大磁能积是永磁材料单位体积存储和可利用的最大磁能量密度的量度；二是高的矫顽力。矫顽力是永磁材料抵抗磁的和非磁的干扰而保持其永磁性的量度；三是高的剩余磁通密度和高的剩余磁化强度。它们是具有空气隙的永磁材料的气隙中磁场强度的量度；四是高的稳定性，即对外加干扰磁场和温度、震动等环境因素变化的高稳定性。

当前常用的重要永磁材料主要有：其一，稀土永磁材料。这是当前最大、磁能积最高的一大类永磁材料，为稀土族元素和铁族元素为主要成分的金属互化物(又称金属间化合物)。其二，金属永磁材料。这是一大类发展和应用都较早的以铁和铁族元素(如镍、钴等)为重要组元的合金型永磁材料，主要有铝镍钴系和铁铬钴系两大类永磁合金。铝镍钴系合金永磁性能和成本属于中等，发展较早，性能随化学成分和制造工

金属永磁材料

艺而变化的范围较宽，故应用范围也较广。铁铬钴系永磁合金的特点是永磁性能中等，但其力学性能可进行各种机械加工及冷或热的塑性变形，可以制成管状、片状或线状永磁材料而供多种特殊应用。其三，铁氧体永磁材料。这是以 Fe_2O_3 为主要组元的复合氧化物强磁材料 (狭义) 和磁有序材料如反铁磁材料 (广义)。其特点是电阻率高，特别有利于在高频和微波应用。如钡铁氧体和锶铁氧体等都有很多应用。除上述 3 类永磁材料外，还有一些制造、磁性和应用各有特点的永磁材料。例如微粉永磁材料、纳米永磁材料、胶塑永磁材料 (可应用于电冰箱门的封闭)、可加工永磁材料等。

图与文

稀土永磁材料是指稀土金属和过渡族金属形成的合金经一定的工艺制成的永磁材料。稀土永磁材料已在机械、电子、仪表和医疗等领域获得了广泛应用。

软磁材料的种类也很多，具有 5 种主要的磁特性：一是高的磁导率。磁导率是对磁场灵敏度的量度；二是低的矫顽力。显示磁性材料既容易受外加磁场磁化，又容易受外加磁场或其他因素退磁，而且磁损耗也低；三是高的饱和磁通密度和高的饱和磁化强度。这样较容易得到高的磁导率和低的矫顽力，也可以提高磁能密度；四是低的磁损耗和电损耗。这就要求低的矫顽力和高的电阻率；五是高的稳定性，这就要求上述的软磁特性对于温度和震动等环境因素有高的稳定性。

磁性材料是生产、生活、国防科学技术中广泛使用的材料。如制造电力技术中的各种电机、变压器，电子技术中的各种磁性元件和微波电子管，通信技术中的滤波器和增感器，国防技术中的磁性水雷、电磁炮，各种家用电器等。此外，磁性材料在地矿探测、海洋探测以及信息、能源、生物、空间新技术中也获得了广泛的应用。

核磁共振成像原理

一般在进行体格检查时常要做心电图的检查，在身体上几处贴上电极片，然后用心电检测仪测绘出心电图，再根据心电图来诊断心脏活动是否正常？是否有什么疾病？这是因为人的心脏活动会产生心脏电流，而心脏活动的正常与否便会反映在心脏电流随时间的变化上。这种心脏电流变化称为心电图。但心电图会受电极片接触情况的影响，而且心电图不能反映心电流的直流分量，电极片更不能离开人体。但我们知道，电流会产生磁场，因此心脏电流会产生心脏磁场，原理上同心电图一样也会有心磁图，但是同心电图相比较，要测量心磁图却很困难，可是从心磁图获得的心脏信息却更多和更有其优点。

图与文

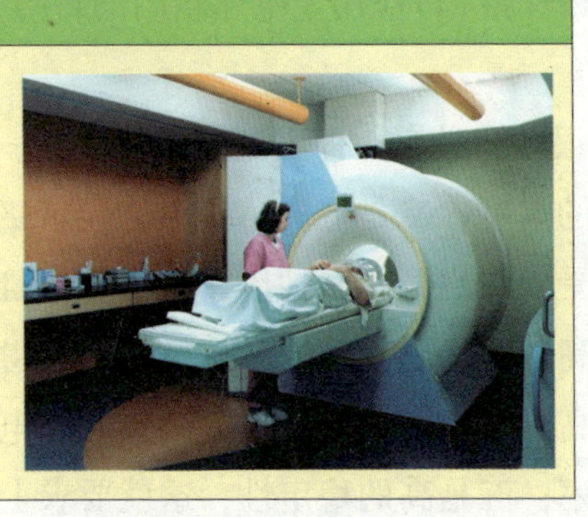

我国研制生产的核磁共振层析成像装置正在为病人检查。

磁在生物学和医学方面的一项重要应用是原子核磁共振成像，简称磁共振成像，又称磁共振 CT。这是利用核磁共振的方法和电子计算机的处理技术等来得到人体、生物体和物体内部一定剖面的一种原子核素，也即这种核素的化学元素的浓度分布图像。目前应用的是氢元素的原子核核磁共振层析成像。这种层析成像比目前应用的 X 射线层析成像 (又称 X 射线 CT) 具有更多的优点。例如，X 射线层析成像得到的是成像物的密度分布图像，而核磁共振层析成像却是成像物的原子核密度的分布图像。目前虽然还仅限于氢原子核的密度分布图像，但氢元素是构成人体和生物体的主要化学元素。因此，从

核磁共振层析成像得到的氢元素分布图像，要比从 X 射线密度分布图像得到人体和生物体内的更多信息。例如，人体头部外层头骨的密度高，而内层脑组织的密度较低，因此从人头部的 X 射线层析成像难于得到人脑组织的清晰图像，但是从人头部的核磁共振层析成像却可以得到头内脑组织的氢原子核即氢元素分布的清晰图像，从而可以看出脑组织是否正常。又例如，对于初期肿瘤患者，其组织同正常组织尚无明显差异时，从 X 射线层析成像尚看不出异常，但从核磁共振层析成像就可看出其异常了。

在核磁共振层析成像中可以检查出的脑瘤，但在 X 射线层析成像中却看不出来。目前核磁共振层析成像应用的虽然还只有氢核一种原子核素，但从科学技术发展看，可以预料将会有更多的原子核素，如碳核和氮核等的核磁共振层析成像也将进入应用。

第四章

地球是个大磁场

我们的地球本身就是一个庞大的天然磁石，然而它的总磁场强度相对而言是比较微弱的，经过科学家的计算，地球的磁场强度才不过 0.6 奥斯特而已。然而，令我们惊讶的是，地球是始终不停地转动着，当具有磁场的天体做旋转运动的时候，会受到单极感应作用，从而产生动势，得到越来越多的强大磁场。

地球磁场的产生

地球的内部结构可分为地壳、地幔和地核。美国科学家在试验中发现，地球内外的自转速度是不一样的，地核的自转速度大于地壳的自转速度。也就是说，地球表面的人虽然感觉不到地球的自转，但却能感觉到地核旋转所产生的质量场效应，就是它产生了地球的表面磁场。

科学家在研究中还发现，地核的自转轴与地球的自转轴不在一条直线上，所以由地核旋转形成的地磁场两极与地理两极并不重合，这就是地磁场磁偏角的形成原因。

科学家们在对地磁场的研究中发现，地磁场是变化的，不仅强度不恒定，而且磁极也在发生变化，每隔一段时间就要发生一次磁极倒转现象。

历史上，第一个提出地磁场理论概念的是英国人吉尔伯特。他在 1600 年提出一种论点，认为地球自身就是一个巨大的磁体，它的两极和地理两极相重合。这一理论确立了地磁场与地球的关系，指出地磁场的起因不应该在地球之外，而应在地球内部。1893 年，数学家高斯在他的著作《地磁力的绝对强度》中，从地磁成因于地球内部这一假设出发，创立了描绘地磁场的数学方法，从而使地磁场的测量和起源研究都可以用数学理论来表示。但这仅仅是一种形式上的理论，并没有从本质上阐明地磁场的起源。

图与文

研究发现，地磁场的存在，估计至少已有 35 亿年之久，但它并不是一成不变的。地球磁极曾有多次逆转。

地球磁场受外界的影响比较大，尤其

是太阳风。因为太阳风是一种等离子体，必定也有磁场的存在，太阳风会毫不留情地吹向地球磁场，但是，毫不示弱的地球磁场也会进行有效的反击和防卫，因而形成了一个被太阳风包围的大磁圈。科学家证实，地球磁场永远不会枯竭。因为地核的体积大，温度和压力非常高，地层的导电率就会很高，电流会永不停歇地在其中流动。

地磁场的形成具有一定的特殊性，按照旋转质量场假说，地球在自转过程中产生磁场。但是，从运动相对性的观点考虑，居住在地球上的人是不应该感受到地磁场的，因为人静止于地球表面，随地球一同转动，所以地球上的人无法感觉到地球自转产生的磁场效应。通常我们所说的地磁场只能算作地球表面磁场，并不是地球的全球性磁场（又称空间磁场），它是由地核旋转形成的。

地球是个大磁石，我们人类会一直罩在地球磁场内，我们的一举一动都会受到地球磁场的影响。有关专家研究表明，保持和地球的南北磁力线平行的时候，对人体会更加的有益。因而，我们睡觉的时候，最好选择头北脚南的方向，因为人体随时随地都受到地球磁场的影响，睡眠的过程中大脑同样受到磁场的干扰。

因为人们睡觉的时候采取头北脚南的方向，会使磁力线平稳地穿过人体，最大限度地减少地球磁场的干扰。睡觉姿势，身睡如弓效果好，向右侧卧心脏负担轻。研究表明，“睡如弓”能够恰到好处地减小地心对人体的作用力。

地磁场及其特性

地球磁场，很像把一个磁铁棒放到地球中心，使它的N极大体上对着南极而产生的磁场形状。当然，地球中心并没有磁铁棒，而是通过电流在导电液体核中流动的发电机效应产生磁场的。

地球磁场不是孤立的，它受到外界扰动的影响，宇宙飞船就已经探测到太阳风的存在。太阳风是从太阳日冕层向行星际空间抛射出的高温高速低密度的粒子流，主要成分是电离氢和电离氦。

因为太阳风是一种等离子体，所以它也有磁场，太阳风磁场对地球磁场施加作用，好像要把地球磁场从地球上吹走似的。尽管这样，地球磁场仍有效地阻止了太阳风长驱直入。在地球磁场的反抗下，太阳风绕过地球磁场，继续向前运动，于是形成了一个被太阳风包围的、彗星状的地球磁场区域，这就是磁层。

地球的磁层

地球磁层位于地面600 ~ 1 000千米高处，磁层的外边界叫磁层顶，离地面5万 ~ 7万公里。在太阳风的压缩下，地球磁力线向背着太阳一面的空间延伸得很远，形成一条长长的尾巴，称为磁尾。在磁赤道附近，有一个特殊的界面，在界面两边，磁力线突然改变方向，此界面称为中性片。中性片上的磁场强度微乎其微，厚度大约有1 000千米。中性片将磁尾部分成两部分：北面的磁力线向着地球，南面的磁力线离开地球。

1967年发现，在中性片两侧约10个地球半径的范围里，充满了密度较大的等离子体，这一区域称作等离子体片。当太阳活动剧烈时，等离子片中的高能粒子增多，并且快速地沿磁力线向地球极区沉降，于是便出现了千姿百态、绚丽多彩的极光。由于太阳风以高速接近地球磁场的边缘，便形成了一个无碰撞的地球弓形激波的波阵面。波阵面与磁层顶之间的过渡区叫做磁鞘，厚度为3 ~ 4个地球半径。

地球磁层是一个颇为复杂的问题，其中的物理机制有待于深入研究。

磁层这一概念近来已从地球扩展到其他行星。甚至有人认为中子星和活动星系核也具有磁层特征。

地球磁场为什么又会南北磁极翻转？对地球磁场起源的探索，早在公元1600年前后就已经开始了。大家都会知道，有电荷在运动才会产生磁场，因此地球的磁场应该与地球内部的带电结构有关。通常物质所带的正电和负电是相等数量的，但由于地球核心物质受到的压力较大，温度也较高，约6 000℃，内部有大量的铁磁质元素，物质变成带电量不等的离子体，即原子中的电子克服原子核的引力，变成自由电子，加上由于地核中物质受着巨大的压力作用，自由电子趋于朝压力较低的地幔，使地核处于带正电状态，地幔附近处于带负电状态，情况就像是一个巨大的“原子”。

图与文

“磁场反转”，是指太阳的北极由原来的S极（负磁场），变成相反的N极（正磁场），而南极则保持不变。结果，南北两极都成为N极（正磁场），而太阳的赤道附近，却会出现2个S极（负磁场）。

科学家相信，由于地核的体积极大，温度和压力又相对较高，使地层的导电率极高，使得电流就如同存在于没有电阻的线圈中，可以永不消失地在其中流动，这使地球形成了一个磁场强度较稳定的南北磁极。另外，电子的分布位置并不是固定不变的，并会因许多的因素影响下会发生变化，再加上太阳和月亮的引力作用，地核的自转与地壳和地幔并不同步，这会产生一强大的交变电磁场，地球磁场的南北磁极因而发生一种低速运动，造成地球的南北磁极翻转。

太阳和木星亦具有很强的磁场，其中木星的磁场强度是地球磁场的20 ~ 40倍。太阳和木星上的元素主要是氢和少量的氦、氧等这类较轻的元素，与地球不同，其内部并没有大量的铁磁质元素，那么，太阳和木星的磁场为何比地球还强呢？木星内部的温度约为30 000℃，压力也比地球内部高得多，太阳内部的压力、温度还要更高。这使太阳和木星内部产生更加广阔的电子壳层，再加上木星的自转速度较快，其自转一周的时间约10小时，故此其磁场强度自然也要比地球强。

事实上，如果天体的内部温度够高，则天体的磁场强度与其内部是否含有铁、钴、镍等铁磁质元素无关。由于太阳、木星内部的压力、温度远高于地球，因此，太阳、木星上的磁场要比地球磁场强得多。而火星、水星的磁场比地球磁场弱，则说明火星、水星内部的压力、温度远低于地球。

关于地球磁场的形成原因，一种假说认为：地球磁场的形成原因和其他行星的磁场的形成原因是类似的，地球或其他行星由于某种原因而带上了电荷或者导致各个圈层间电荷分布不均匀。这些电荷由于随行星的自转而做圆周运动，由于运动的电荷就是电流，电流必然产生磁场。这个产生的磁场就是行星的磁场，地球的磁场也是类似的原因产生的。这个假说和各个行星磁场的有无和强弱现象符合的非常完美。

地球的磁性，是地球内部的物理性质之一。地球是一个大磁体，在其周围形成磁场，即表现出磁力作用的空间，称作地磁场。它和一个置于地心的磁偶极子的磁场很近似，这是地磁场的最基本特性。地磁场强度很弱，这是地磁场的另一特性。

太阳风和太阳磁场

科学家和天文学家论证，太阳现有的磁性是几十亿年前形成太阳的物质遗留下来的。经过计算表明，太阳磁场的普遍自然衰减期长达100亿年，因此，磁性长期留存是很有可能的。

1908年，美国天文学家海耳利用光谱线的塞曼效应测量太阳黑子的磁场，45年之后，巴布科克研制了太阳光电磁像仪，可以测量太阳表面的磁场。20 世纪 50 年代，人们研究过彗星之后，提出了太阳风的概念，美国从 1961 年发射的“探险者”10 号和 12 号证实了这一观点。太阳磁场弥漫扩散于整个太阳系，在自转的同时，太阳风所携带的磁力就不会是直线，而是螺旋线。

依据日本“日之出”卫星上的 X 射线望远镜和光学望远镜拍摄的照片，美国科学家对太阳磁场和太阳风的起源有了新研究。他们经过科学论证得出，在太阳风从太阳射向太空的过程中，磁波起到了十分重要的作用。在太阳大气层中，当对流层运动和声波挤压周围磁场时，便产生出强大的磁波，又称阿尔法波。科学家认为，在日冕低处磁场对立的两极对撞并释放能量的过程是非常频繁的，这种相互作用既形成了阿尔法波，又进一步形成了 X 射线喷射中的高能等离子体爆发。

图与文

地球磁暴现象：太阳的整体磁场为大磁场，磁暴部位属于小磁场。

此外，利用卫星上分辨率极高的太阳光学望远镜，天体物理学家巴特·德·庞迪尤领导的另一个研究小组，对太阳表面到日冕间的区域进行了重点研究后发现，当阿尔法波进入日冕时，其具有足够强大的能量来驱动太阳风。在大气层中，太阳磁场受周围对流层运动和声波的挤压会产生众多的阿尔法波。

就宇宙论点而言，太阳的绝大部分物质是高温等离子体，太阳的物态、运动和演变都与磁场密切相关。太阳黑子、耀斑、日珥等活动现象，更是直接受磁场支配。太阳磁理论的一个重大论证结果是太阳的活动周。其实，太阳磁场就是太阳本身较差的自转会使光球下面的水平磁力线管缠绕起来，当上浮到日面时，形成双极黑子，在大量的双极黑子磁场的膨胀和扩散下，原来的磁场被中和了，会出现极性相反的太阳磁场。

阿尔法磁谱仪是1998年人类送入宇宙空间的第一个大型磁谱仪。它利用强磁场和精密探测器来探测宇宙空间的反物质和暗物质，探索和研究宇宙物理学、基本粒子物理学和宇宙演化学的一些重大和疑难问题，例如寻找磁单极子等。

■图与文

最早的阿尔法磁谱仪是1998年由“发现号”航天飞机送入太空，进行了约10天的试验性探测。

阿尔法磁谱仪的研制工作是由美籍华裔物理学家、1976年度诺贝尔物理学奖获得者丁肇中教授提出并领导的一个大型的国际合作科学研究项目，由美国和中国等10多个国家和地区的37个科研机构参加科研工作。其主要目的是寻找太空中的反物质和暗物质，以及解决其他一些重大科学问题。反物质是指由质量相同但电荷符号相反的反电子(即正电子)、反质子和反中子组成的反原子构成的物质，如反氦和反碳等。暗物质是指不能用光学方法探测到的物质。根据现代科学研究中的一些学说，宇宙中除一般见到的物质(即正物质)以外，应还存在反物质；除用光学方法探测到的一般物质以外，应还存在用光学方法探测不到的暗物质。这些物质在磁场中运动时会表现出不同的特点，因而可以用探测器探测出来。阿尔法磁谱仪主要由磁系统和灵敏探测器等构成。

警惕偶然的磁暴

磁暴即当太阳表面活动旺盛，特别是在太阳黑子极大期时，太阳表面

的闪焰爆发次数也会增加，闪焰爆发时会辐射出X射线、紫外线、可见光及高能量的质子和电子束。其中的带电粒子形成的电流冲击地球磁场，引发短波通讯称为磁暴。磁暴时会增强大气中电离层的游离化，也会使极区的极光特别绚丽，另外还会产生杂音掩盖通讯时的正常讯号，甚至使通讯中断，也可能使高压电线产生瞬间超高压，造成电力中断，也会对航空器造成伤害。

为什么磁暴能改变人造地球卫星的运行状况和遥感方向呢？为什么磁暴会影响定位、导航和短波通讯呢？为什么磁暴还会对电力系统构成很大的威胁和破坏呢？

磁暴能够引起电离层的破坏，从而干扰短波无线电通讯；磁暴有可能干扰电工、磁工设备的正常运行；磁暴还有可能干扰各种磁勘探和磁测量工作。

对于家用电器，磁暴可对微波炉、冰箱、电视机等等产生致命损坏；对于人体而言，磁暴会使人们的血压突变、心血管出现爆裂、细胞变异，更容易增强癌症的发病率；对于健康而言，会影响细胞的遗传器官、加速人体衰老，对人体细胞来说是极大的威胁和灾难，极其容易造成细胞功能的破坏，破坏肌肉组织系统，引发白血病、肿瘤等疾病。世界卫生组织最近几年的调查显示："电磁场与人的健康"国际科学规划指出，诸如癌症、行为发生变化、失忆、帕金森和老年性痴呆等其他诸多现象都是电磁场影响的结果。医学家和科学家还证明，磁暴还会对人体内的神经系统、免疫系统、内分泌系统和生殖系统的细胞造成极大的影响。

图与文

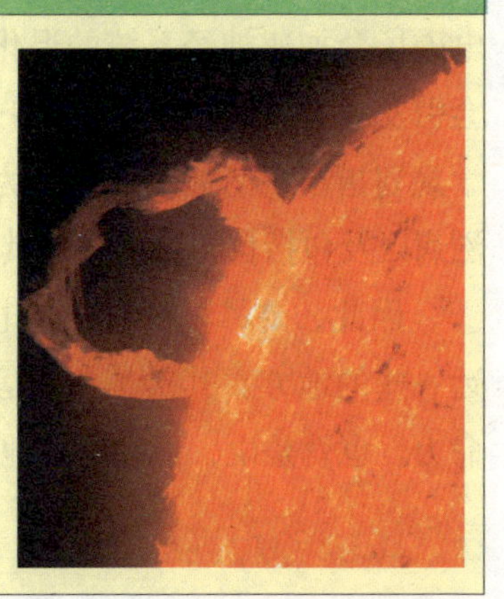

太阳上爆发磁暴的场面非常壮观，虽然磁暴的场面华丽，但其对地球危害巨大。

电磁场 1 分钟或 1 小时的作用所引起的过程可以在神经系统延续好几个星期甚至几个月。经研究发现，凡长期接触电磁场的人，即使是强度不大，都会变得神经紧张。

既然磁暴的危害如此之大，它是怎么形成的呢？首先要讲的是太阳耀斑。太阳耀斑就是一种最剧烈的太阳活动现象。当有太阳耀斑爆发时，其能量相当于 10 万 ~ 100 万次强火山爆发的总能量。并且耀斑爆发的时间一般很短，在几分钟到几十分钟之间，亮度上升迅速，减弱较慢。一旦出现大的太阳耀斑，对于太阳表面来说就是一次惊天地、泣鬼神的大爆发，相当于上百亿枚百万吨级氢弹爆炸的威力。

太阳耀斑的喷出物会以极其迅猛的速度冲击地球，当它和太阳风相互作用后，地球的磁层就会突然收缩，变得很不平稳，然后经过磁流体波传到地球表面，从而形成磁暴现象。

任何强磁场都对人的生命系统组织起到破坏作用，从而加速人的衰老。电磁场会加速神经系统的退化，还会引发白血病、激素分泌紊乱，可能还会引发肿瘤。世界卫生组织 1996—2000 年的“电磁场与人的健康”国际科学规划指出，诸如癌症、行为发生变化、失忆、帕金森和老年性痴呆、艾滋病以及包括自杀率上升等其他诸多现象多是电磁场影响的结果。

因此，要尽量少在产生电磁场的电器旁工作，或者把这些电器摆在稍远一些的地方。其次是加强运动，努力激活体内的细胞，保持其旺盛的生命力。也就是说，最大限度地提高机体对病毒、细菌和辐射的抵抗力。

北极光是如何产生的

极光是天空中一种特殊的光，是人们能用肉眼唯一看见的高空大气现象，常常出现在地球的高纬度地区，主要是南极和北极。这种光的美丽显示，是由高空大气中的放电辐射造成的。按照形态，极光分为 5 种：底边

整齐微微弯曲的圆弧状的是极光弧；飘带状的极光带；云朵一般的极光片；面纱一样的极光幔；沿磁力线分布的射线状的极光芒。

极光是由来自太阳风的经过磁层加速的沉降粒子，与高空大气成分相互作用所产生的。因地球是一个巨大的磁体，磁力线从南北两极发出，形成无数个闭合的磁力线圈，地球就被这些无形的磁力线弧包围着。外层空间的高能粒子一旦被地球磁力线“捕获”，就沉降在两极地区，神秘的极光也就在这个过程中形成了。

图与文

美丽的北极光：极光的色彩、亮度千变万化，美丽壮观，难以描绘。大气磁场和太阳风是形成极光的必不可少的条件。

这些“拨动”地球磁力之“弦”的粒子，很大部分来自太阳，因此，研究极光对于了解地球外层空间结构、掌握空间天气、减少太阳风暴对地球的影响以及保障飞行器在外层空间的安全等，都有着重要的意义。

科学家还观察到地球磁场出现了空洞，由此推断地球磁极可能在不久的将来重新确定方位。事实上，现在北磁极就在向西伯利亚方向移动，南磁极则移向澳大利亚海岸。科学家推断磁极 1.25 万年才会易位一次，每次都造成大批动物死亡，恐龙、猛犸象很可能就因此灭亡，大西洋一些神秘沉没的海岛也可能与磁极易位有关。

极光粒子流沿着地球磁感线的轨迹流动，形成一块薄薄的闪光帘幕，悬挂在距地球 90 ~ 150 千米的高空，美丽的极光颜色则决定于高空中的大气成分，氧气分子被激发后将辐射出黄绿色的光彩，氮气分子激发后将辐射出深红色的光芒，极光的强度、形状和活跃程度，每夜都有变化，就是在一夜之中，极光亦不断有强弱、位移和形状的改变，由于大气成分随着高度和地区而变化，故不同时间不同高度出现的极光颜色也不尽相同。它们一般地呈现出红、蓝、紫、灰、黄、白等各式各样的颜色，并形态各异，有的像帐幕，有的像圆弧，有的呈带状，有的呈线状，有的橙色，有的紫色，有的色淡，有的色深，不愧有空中“海市蜃楼”之美誉。

在我们居住的北半球，有一条极光出现的最大等频线，这条等频线大体经过阿拉斯加、加拿大、冰岛、挪威、新地岛、新西伯利亚群岛，每年平均可有243夜能见到北极光，约占全年的2/3。冬季，那里黑夜很长，是很容易看到北极光的季节，而在夏季，相对来说，看到北极光的机会比较少，在近北极地区的夏季，由于有白夜现象，天空背景太亮，不易察觉天空高处有彩色光带或光环，但若在地球感应电流记录仪上观测电流大小变化，则峰值较大时，就指示着高空有激烈的极光活动。如在此时，有幸遇到短暂的天色较暗的夜晚，而且是少云或无云的晴空，就可能见到极为壮丽的极光奇景。在我国黑龙江北部，一年平均会有一天机会见到极光，在内蒙东部、吉林北部、黑龙江南部、新疆北部平均10年才有一次机会见到极光，每年见到极光最大的机会在3月、9月及其邻近的月份，但太阳活动强烈的年份，出现极光的机会将会猛增，同时地磁活动也将会改变极光的形态和它的地理分布。

极光与太阳发射的高能电子密切相关，这些高能电子与哨音（由闪电产生沿磁层传播的频率很低的无线电波）发生很强的相互作用，有些电子被这种波散射出辐射带并落入高层大气，在某些条件下，高能电子云本身能产生频率很低的波。这种高能电子在电离层下层还会产生可观的电离。因此，强极光活动会严重破坏通过极区的短波无线电通信。另外，这种电离增强

绮丽多姿的极光

能反射高频无线电波，因此当出现强大极光时，反而能进行距离极其遥远的无线电通讯或传送电视。1930 年，业余无线电爱好者发现，当把天线对准北极光时，却能收到南方传播来的无线电波，所以把电视天线对着极光时，也可能接收到远方城市传播来的电视讯号。

极光不仅绮丽多姿，同时也会给人类造成危害，1972 年的一次极光所产生的强大感应电流，曾将加拿大的一台 23 万伏变压器摧毁，也使美国缅因州至得克萨斯州的一条高压输电线跳闸。历史上曾记载的最惊人的一次极光出现在 1859 年；感应电流强大到美国的电报员不用电池，可将电报从波士顿发送到波兰。极光会使人造卫星、航天飞机、宇宙飞船与地面的无线电通讯产生讯号闪烁。极光的各种光谱还会影响到人造卫星上的一些光学仪器对地面的观测工作，有时甚至会中断电话、电报的传递、无线电广播和雷达的导航。由此可见，极光与通讯广播、空间探测、宇宙航行密切相关。

虽然极光一般只出现在极地上空，在中、低纬度地区极为罕见。但极光对人类活动有着不可忽视的影响。同时极光还蕴藏着巨大无比的能量，它每出现 15 分钟所拥有的电能就相当于全世界一年的能量总耗，但人类至今还无法收集它。近年来人类正致力于通过观测火箭或人造卫星来直接或间接地测定磁层与极光的关系，研究极光现象的产生和变化规律，这对空间科学、能源科学都具有极其重要的战略意义。

地球磁场与大陆漂移

大陆漂移说认为，地球上所有大陆在中生代以前曾经是统一的巨大陆块，称之为泛大陆或联合古陆。从中生代开始，泛大陆分裂并开始漂移，逐渐达到地球上现在的位置。

德国天文学家兼气象学家魏格纳偶然发现南美大西洋海岸和非洲大西

洋海岸十分吻合，通过对大陆的研究发现，大胆提出了大陆漂移说。海洋大陆和两块大陆彼此之间相对于大洋盆地间的大规模水平运动，称为大陆漂移。1912年阿尔弗雷德·魏格纳正式提出了大陆漂移学说，并在1915年发表的《海陆的起源》一书中作了论证。20世纪50年代中期，随着古地磁与地震学、宇航观测学的发展，使一度沉寂的大陆漂移说获得了新生。

20世纪40年代后期，古地磁学科学合理地解决了这一科学地质界的重大难题。50年代初期，英国开始着手古地磁研究的有两支独立的队伍。一个是由诺贝尔奖获得者、已故著名物理学家布莱克特领导的伦敦皇家学院小组，一个即是由朗科恩领导的剑桥大学小组。

图与文

大陆漂移的动力机制与地球自转的两种分力有关，向西漂移的潮汐力和指向赤道的离极力。

事实上，当布莱克特小组在1954年首先宣布古地磁学可以拯救消沉多时的大陆漂移理论时，布莱克特小组研究了英国的一种2亿年前(三叠纪)的红色砂岩化石竟然出人意料的具有磁性，发现所测得的古纬度要比英国目前所在的纬度低得多，因此他们认为英国在2亿年间曾经向北移动了很大的距离。换句话说，他们把古纬度的差异自然地看作是大陆漂移的结果。然而朗科恩认为古纬度的差异既可以是大陆漂移引起，也可以由磁极游移造成。

一般人都认为，最初的纯粹古磁学证据并不能完全说服大多数地球科学家放弃“大陆固定观”。决定性的证据来自新的磁机制的研究，它戏剧性地证实了海底扩张说。船载磁测仪揭示出海底壳层条状磁化区域的存在。实地测量很快证实，条状磁化区域确有预期的那种对称性。按照这一理论，当炽热的熔融物质沿海底海丘流淌并固化时，它便感应了当时的地磁场，并且会保持在冷却时所感应的磁性。因此，每一条前后相继固化的物质带

应该有记录形成日期的磁性标志，而海丘两侧同时对称形成的物质带也因此具有相同的磁性方向。

事实上，地球磁场演化的历史不仅表现出一些微小的变化，而且在目前已知的年代中还经历过南北磁极逆转。所有这些，都是在实测和研究海底海丘两侧的条状磁化带过程中发现的。

据地质考察证实，早在20亿年前，现在的喜马拉雅山脉的广大地区是一片汪洋大海，称古地中海，它经历了整个漫长的地质时期，一直持续到距今3 000万年前的新生代早第三纪末期，那时这个地区的地壳运动，总的趋势是连续下降，在下降过程中，海盆里堆积了厚达3 000多米的海相沉积岩层。到早第三纪末期，地壳发生了一次强烈的造山运动，在地质上称为“喜马拉雅运动”，使这一地区逐渐隆起，形成了世界上最雄伟的山脉。经地质考察证明，喜马拉雅的构造运动至今尚未结束，仅在第四纪冰期之后，它又升高了1 300～1 500米，至今还在缓缓地上升之中。

同样根据现代对地球的许多新的研究结果，认识到地球在漫长的地质时期中，各个大洋海底中海岭口两侧岩石的剩余磁通密度都呈现对称的起伏分布。许多的观测研究表明，其他海洋底的海岭口两侧岩石磁性也出现类似的情况。这些观测和理论分析说明了什么呢？简单说来，这表明由海岭口喷出的地球内部炽热的岩浆冷却时受到当时地球磁场的磁化后而留下保留下来的剩余磁化强度。随着海岭口内炽热岩浆的不断喷出、冷却和磁化，原先喷出、冷却和磁化的岩石便被随后喷出、冷却和磁化的岩石推挤向海岭

图与文

海洋巨型旋涡非常巨大，直径可以达到上千米，严重威胁着过往船只的安全。

口的两侧。这一过程继续下去，便形成了现在所观测到的各大洋海底的海岭口两则的岩石剩磁情况。那么这样不断进行下去会怎样呢？进一步的观测和研究表明，向海岭口两侧推移扩展的海底岩石到达海洋与大陆的交界处时便会沉入海洋底到地球内部再融化成岩浆。这样在海洋中便不会存在年代很久远的海洋岩石，这是同大陆上的岩石可存在很久远的情况是不相同的。这一情况已在大量的观测研究中得到证实。

俄勒冈旋涡的形成

我们大家都熟悉海洋上的巨型旋涡，旋涡一旦形成，非常凶猛，无论是海面上行驶的巨型油轮还是空中飞行的大型飞机，都会被巨型旋涡毫不留情的吸过去，造成“车毁人亡”的重大事故。然而，陆地上的巨型旋涡你听说过吗？

这个离奇的巨型陆地旋涡就处在美国俄勒冈州格兰特狭口外、沙甸河一带，这个怪异的地方就被专家起名为“俄勒冈旋涡”。进入俄勒冈森林中，你会惊奇地发现，所有的树木都奇怪地向着森林中心倾斜。森林中心高高的树丛中围着一片草地，树丛的树叶都不往高处生长。草地所在处是一片低低的山丘，距顶端约10米有一座古老的木屋。这是古时淘金人住的房子，小房原来建在山丘的顶端，不知何时有了移动。淘金人原来一直在这间小木房里秤砂金，但到1890年以后，秤却出现了错乱，随后小木房就废弃不用了。自此小木房就变得愈加神秘起来。

这间古旧的木屋如今成了这里的标志性建筑，其歪斜程度异常严重，从远处看起来就像是风中残烛一样，摇摇欲坠的感觉。人们一踏进房子，身子就好像被无形的绳索拽着要向前倾倒，一般倾斜度达10°左右。如果你想往后退，离开那座小屋，就会觉得有一种力量往回拉你。

仔细观察，整间木屋都在倾斜。地上摆着棋子、空玻璃瓶、小球等，推动一下，它们就会奇妙地沿着斜面从低处滚向高处，而绝不会后退半寸。在这座木房子里，任何成群漂浮着的物体都会聚成旋涡状。在小屋里吸烟，上升的烟气即使有风也是慢慢地流动，逐渐加速自旋成旋涡状。撒出撕碎的纸片也飞舞成旋涡，就好像有人在空中搅拌纸片似的。

美国俄勒冈旋涡

许多科学家对此谜进行过长时间考察，他们用铁链连着一个13千克的钢球，把它吊在木屋的横梁上，这个钢球明显地违背了重力定律，倾斜成某个角度，晃向“旋涡”中心。谁都可以轻易地把钢球推向“旋涡”中心，但要把它推向外却很难。若把橡皮球放在旋涡磁力圈内，橡皮球便向磁力中心点滚过去。把纸张撕成碎片散掷于空中，碎片就在空中卷进旋涡中，然后在磁力中心点落下来，好像有人在空中搅拌碎纸似的。这种不可思议的景象，任何人看了都会怀疑自己到了别的星球，不知所措。

究竟为什么会出现这些怪异现象，科学家们的解释各不相同，有人认为是重磁异常，强大的重力转变为磁力，而强大的磁力又导致重力异常。后来有科学家用磁力仪进行测定，显示这里有个直径约50米的磁力圈。但这个磁力圈不是固定不动，而是以9天为一周期，循圆形轨道移动。“俄勒冈旋涡”正是地球局部磁力异常产生的奇怪现象。

这里就会想到一个问题，为什么南北半球旋涡的旋转方向完全相反？科学研究证明，是由于地转偏向力的作用造成的。地转偏向力就是物体在地球表面垂直于地球纬线运动时，由于地球自转线速度随纬度变化而变化，由于惯性，物体会相对地面有保持原来速度的运动方向的趋势，这就叫地转偏向力。

在北半球，物体从南向北运动，地球自转线速度变小（赤道处线速度最大），物体由于惯性保持线速度不变，于是就向东偏向，相对运动方向来说就是向右。从北向南运动时，地球自转线速度变大，于是就向西偏向，相对运动方向也是向右。所以在北半球物体运动时统一受到向右的地转偏向力。同理，物体在南半球运动时统一受到向左的地转偏向力。

青海湖心的冲天浪柱

苍翠的群山，合围环抱；碧澄的湖水，波光潋滟；葱绿的草滩，羊群似云；葱郁的树林，风光旖旎，这就是美丽的青海湖。

青海湖是中国最大的咸水湖。位于青海省东北部。湖面海拔 3 195 米，面积 4 583 平方千米，已经探测到的最大水深为 32.8 米。每年 12 月封冻，冰厚半米多。青海湖是一个断层湖，湖盆由祁连山的大通山、日月山与青海南山的断层陷落而围成，四周山峦环抱，湖面辽阔，望去茫茫无垠。

远远望去，牧民们的帐篷星罗棋布；成群的牛羊，飘动如云。日出日落的迷人景色，更充满了诗情画意，使人心旷神怡、流连忘返。青海湖以丰富的鱼类资源而闻名海内外。很值得提及的是，这里比较有名气的是冰鱼。每到冬季，青海湖冰封后，人们在冰面钻孔捕鱼，水下的鱼儿，在阳光或灯光的诱惑下便自动跳出冰孔，无论是清蒸还是炖

青海湖心的冲天浪柱

美丽的青海湖

着吃、烤着吃，味道极其鲜美可口。然而，美丽的外表下面又隐藏着哪些不为人知的神秘事件呢？

有报道相传，在湖面风平浪静的下午，一些渔民和附近小岛上的牧民，突然见到一个不可思议的离奇景观：在远处的湖心水面上，忽然阵阵巨响，接着以迅雷不及掩耳之势掀起一个冲天浪柱，高高地把浪花和水雾飞卷起来，波光粼粼，相当的不可思议。刚开始，牧民们以为是台风或者海啸即将来临呢，可是，不一会儿的功夫湖面又平静下来，简直就像是海面上忽然出现了一个巨型黑洞似的，又好像是有海怪在作祟似的。

后来，这个传闻传播开来，吸引了众多科学家前去一探究竟。他们在湖边甚至是亲自划船游到湖心，并没有发现有什么恐怖的怪物和所谓的黑洞。但是，令科学家至今记忆犹新的是曾发现有巨型旋涡的存在，差点把他们的船只吸引到湖心底下。

有时候，人们都发现在湖边上经常可以见到浪涛翻腾，水柱滚卷的澎湃景观。但是，青海湖属于咸水湖，因而，在咸涩的湖水作为背景的前提下，越近湖心，浮力就会越小。

经过科学家的不断研究和推测，湖心水流急转形成的大旋涡，其实，在湖心最深处的地底下存在一种强磁场，超强磁场的存在，会引发巨型的旋涡，在旋涡底下存在一个神秘的大洞口。地质学家在对湖中心的地质状况进行勘测的时候，发现存在磁异常的状况。但是，目前科学家还不能十分肯定的认为那些巨型旋涡就一定是湖中心的磁异常严重引发的，只是初步的考究和论证，究竟真正的原因是什么，还等待我们大家去探索、去发现。

神秘的百慕大三角

百慕大群岛位于北大西洋，是英国的自治海外领地。位于北纬32° 14′ ~ 32° 25′，西经 64° 38′ ~ 64° 53′，距北美洲约 900 多千米、美国东岸佛罗里达州迈阿密东北约 1 100 海里，及加拿大新斯科舍省哈利法克斯东南约 840 海里。

但它又是地球上至今最神秘莫测的海域，即使是今天科技含量极高的仪器设备也会统统失灵，人类一旦碰上便会彻底消失，不留任何蛛丝马迹。因而，被称作“魔鬼三角”、“恐怖三角”。纵观 20 世纪以来所发生的各种奇异诡秘事件，最让人费解的大概就要算发生在百慕大三角的一连串飞机与轮船的失踪案了。

这个“魔鬼三角”之谜自出现以来就众说纷纭，一些百慕大三角的旅行者们每次惊险回归后就报道了他们有关电磁的古怪经历：他们乘坐的船或者飞机会被一种奇怪的蒸汽所吞没，感觉像是时空穿梭、回到未来之地，而后所有的仪器都失灵、紊乱了，莫名其妙的雾会在整个海面上升起，海水会奇迹般地猛然涨高数丈，比想象中的龙卷风都可怕，而当时的自然天气都不可能产生雾。这种反常现象被后人百般猜测，把原因归结为“海怪”、

UFO、心灵感应、时空弯曲等等。

然而这种情况，在500年前哥伦布出海远行美洲的时候，就于百慕大附近遇到过非常大的龙卷风袭击船队，哥伦布回去告诉西班牙国王：“浪涛翻卷，云蒸雾绕，不见天日，连续10天，我这辈子首次见到这么厉害、这么长久、这么肆虐性的风暴。”此后，在1925年，日本货船“来福丸”号从波士顿出港不久，先进入了一片很是平静的海域，而后，就下落不明、无影无踪了。1939年，一艘19 000吨重的美国军用设备运输轮船同样神秘蒸发了。接下来，1963年，两架美国空军的新式加油机失事。1963年，巨型轮船沉没于百慕大三角；1966年，“尤利西斯”号双桅帆船，来自缅因州坎登市的米诺说，当时，浑身刺痛、麻木，好像一股强大的电流从身上穿过似的，难以忍受，周围的景物除了浓厚的大雾之外，包括海洋全部变成了红色，真的好恐怖。

图与文

百慕大三角的巨型漩涡。传说它能吞没船只，甚至“吸入”飞机，让它们彻底消失。

后来，科学家实地研究后发现，百慕大三角那里的海底磁矿异常丰富，经常会出现磁异常现象，百慕大三角海面上的海水因为受到海底的强大吸力而形成巨大的旋涡，仿佛被一个无底洞穴在猛烈的抽吸着朝海底猛冲过去，无论是多么高远的飞机或者沉重的轮船，常常会被吸进去，是世界上最可怕的“陷阱海域”。

哈奇森是加拿大的一个业余物理爱好者，他喜欢鼓捣一些奇怪的科学实验。他在做实验时无意中发现，当那些用来发射电磁场和电磁波的设备，比如泰斯拉线圈、高频发生器等等较为集中地放在一起工作时，由于各种电磁设备产生的磁场效应的叠加，从而出现各类意想不到的怪现象。比如，旁边某个区域的铁棒会飞起、悬浮，各种物体持续飘浮起来，像木头、塑料、泡沫塑料、铜、锌，它们会在空中盘旋，来回穿梭；镜子自己爆裂，碎片

铁棒会飞起悬浮

能爆飞到100米之外！金属会卷曲、破裂，不同的金属可以在室温下熔合在一起，有的金属可以变成果冻状；空中出现光束，紧接着无数光环显现，与此同时，容器中的水开始打旋，水杯里水沿着杯壁向上流动溢出……上述这些奇特的现象，被人们称为“哈奇森效应”。

哈奇森效应就是各种不同频率的电磁波叠加后产生的某种奇特能量，这些能量在某些特别的区域里使物体飘浮、物体材料变形，甚至物体还会莫名其妙地消失……科学家们也因此推测，百慕大三角的神秘现象，就属于哈奇森实验室里的现象在大自然中的再现。

会走路的石头

美国死亡谷是世界五大危险奇景之一，位于美国加利福尼亚州和内华达州的交界处的群山之中，有一种颇为离奇、无法解释的地磁现象——地面上的石头会自己移动，并在地面上留下平行滑行痕迹，更甚至是会走90°的拐弯路线！

“死亡谷”几乎常年不下雨，更有过连续6个多星期气温超过40℃的纪录。每逢倾盆大雨，炽热的地方便会冲起滚滚泥流，而石头却在地面“行走”。在死亡谷，这些自己会“走路”的奇特石头的确是在地面上滑行的。在死亡谷里存在着风，却不足以将这些石头吹动。在此之前，人们曾听说

过在死亡谷的巨大火山口存在着强劲风，但是在跑到盆地的风尽管强劲，却无法将石头吹动，更何况是直线运动呢?

同时，也有很多科学家论证到，未有迹象和实验理论来表明这些石头的移动是由于陷入泥浆中“冰筏”造成的，在数英里盆地区域内泥浆干燥时的迹象显示，这里泥浆以下并不像存在着水源或冰层。而且从移动留下的痕迹来看，似乎石头的移动是在盆地中没有水时形成的，这就更加离谱了。并且这些石头移动的痕迹很短，在土壤中留下的滑行深度并不深。

会“走路”的石头

费解的是，能够清晰地看到很多处石头移动的轨迹都是平行的。对于这种石头移动现象，也不可能是由于人为故意造成的，如果某人故意将这些石头移动，会在盆地表面留下足迹的。此外，在最近的一次暴风天气中都未曾发现有石头移动的痕迹。几十年来一直困惑着科学家们的石头在沙滩上自由运行所留下的痕迹，这种神秘让人感觉是在另一星球上一般。月余的时间这个石块就运行了数百米长的距

会拐弯的石头

昆仑山上的“死亡谷”

离——没人可以解释这些石头为什么可以自行移动。

后来经过科学家们的实地勘探之后发现，这一地区的地下有一个巨大的磁铁矿床。正是这些磁性力量在一定的外部环境条件下，移动了这些石头。至此，石头走路的谜底也就揭开了。

在世界上有五大死亡谷，它们分别存在于美国、俄罗斯、中国、意大利和印尼。其一是美国内华达州与加利福尼亚州相连处的“死亡谷”，长225千米，宽6～26千米，地势险峻。这里对禽兽极宽容，生活着多种野生动物。而涉足到这里的人却几乎全部丧生。其二是俄罗斯堪察加岛上有一个长约2千米、宽100～300米的山谷，这里地势坎坷，天然硫磺露出地面，熊、狼等野兽尸骨随处可见。其三是中国昆仑山上的“死亡谷”，到这里的人畜都会受到伤害，被称为“地狱之门”。其四是意大利那不勒斯附近的“死亡谷”对人的生命却无威胁，而每年在这里死于非命的动物却达几千只。其五是印度尼西亚爪哇岛上的“死亡谷”有6个具有吞吸生灵威力的山洞，人和动物从洞口经过，就会被一种神奇的吸力吸入洞内，因而洞

内白骨累累。

以上“死亡谷”何以如此，经科学家们的考察，发现这些地区都有不同程度的磁异常现象，与地下的磁性金属矿的存在有必然的联系。

不可思议的“长高岛”

我们说的“高人岛”，就是马提尼克岛，位于安地列斯群岛最北部，与法国相毗邻，岛上自然风光优美，有火山和海滩集中分布着，盛产棕榈和甘蔗以及很多热带植物，哥伦布称之为“世界上最美的国家”。然而，最让人们流连忘返，并感到不可思议的是，地质学家和科学家经仔细研究发现，在马提尼克岛上，可以快速使人增高。无可争议的事实使该岛充满了神秘色彩。

马提尼克岛上有一种怪异的现象，这里的动物有着超乎寻常的生长速度，据了解，居住在马提尼克岛的人们都是身高体长，男的高达2米，女的平均174厘米。更加匪夷所思的是，每隔10年，岛上的人都会奇迹般地增高几厘米，就连生活在这里的动物都是长得特别快。有一种神秘的力量使人们能够奇迹般地再次生长，凡是到过这个岛上的人普遍都会增高几厘米，包括有侏儒症的人也不例外。

能让人长高的怪岛

更加匪夷所思的是：不仅仅是岛上的土著居民会离奇般地增高，就连来这里旅游的外国游客在该岛居住一段时期后也会出现长高的奇迹。

相传，有几位年近古稀的德国科学家亲自远洋航行到这里，他们带着先进的实验仪器设备进行实地考察和研究。奇迹就是这样出现的，他们在该岛上生活了两年之后，发现每人平均增高了七八厘米。

后来，随着马提尼克岛的名声大振，吸引了世界上越来越多的科学爱好者。比如，40 岁的巴西动物学家费利在该岛上只进行了 3 个月的考察，离开该岛时竟已长高了 4 厘米。英国旅行家帕克夫人年近花甲，在该岛旅行 1 个月后也长高了 3 厘米。由于生活在该岛上的成年人甚至老年人的身材能长高，因而此岛被称为“长人岛”。不仅人会在该岛上奇迹般地增高，而且就连岛上的动物、植物和昆虫的增长也尤为迅速。

岛上的宠物、甲虫、蜥蜴、蟑螂、蚂蚁、苍蝇、蚊子、蝴蝶、老鼠和蛇等，从 1988—1998 年的 10 年间都比通常增大了约 8 倍，特别是该岛的狗，竟然长得像牛那么大，真是一个神秘而又恐怖的怪岛。

查阅有关马提尼克岛的资料可知：大约公元前 300 年，马提尼克岛的祖先——印第安人便成了该岛上最早的居民，此后，他们捕鱼、狩猎、养殖，过着安稳幸福的生活。然而好景不长，在 14 世纪末，自从加勒比出现之后，改变了岛上的一切，他凶狠毒辣、阴险邪恶、无恶不作。他奴役、玷污了阿拉瓦克族女人，阉割了阿拉瓦克族男人，自此，这个岛上布满了阴森、恐怖的死亡色彩，因而，该岛前面就是举世闻名的加勒比海。提起加勒比海，大家一定不会陌生，全球票房冠军的奥斯卡电影《加勒比海盗》就是在这儿的加勒比海拍摄的。

马提尼克岛上的巨人传说风靡一时，沸沸扬扬过后，科学家们就展开了疯狂的推测和研究，经过潜心的实验研究和考察论证，该岛上有一种能促使植物动物超长生长的神秘成分构成会发射某种磁性物质的岩石。学者研究指出，该岩石是几亿年前形成的，具有很强的特殊磁性，当这种特殊的额磁石和海水发生反应的时候，就会释放一种很强大无比的放射性物质，从而使该岛的人们变成了“巨人”。

第五章

有趣的生物磁场

生物有磁性吗？一般人认为生物是不带电的，当然也没有磁性。然而通过现代科学的观测、实验和研究认为，包括人在内的生物体不但具有磁性和产生磁场，而且这些磁性和磁场对于生物还有着重要的作用。科学家对植物研究发现，植物是具有一定的磁场和极性的，并且有机体的磁场是不能对称的。一般说来，负极往往比正极强，所以植物的种子在黑暗中发芽时，不管种子的胚芽朝哪一个方向，而新芽根部都是朝向南方的。

磁场对生物的影响

磁场对生物的影响，即磁场的生物感应引起人们的注意还为期不久。据测验，人在较弱的磁场中停留，身体会浑然不觉；如突然靠近加速器磁场时，就会立刻失去辨别方向的能力，稍等片刻后，方能适应。当人们突然离开加速器时，又将产生刚进入磁场时的同样反应。强磁场对某些生物的作用更加显著。约经过 10 分钟磁处理的果蝇，有 50% 不能变为成虫，成为成虫的那一部分也活不到一小时，并且有 5% ~ 10% 的成虫呈现出翅和体形畸变。

生物有磁场

磁场对生命的活动会产生哪些影响呢？我们不妨先做一个试验。在一个潮湿的（温度在 18℃ ~ 25℃）玻璃暗室内，安置一个特定的架子，上边放有过滤纸，过滤纸的两端分别与放有水的容器相连，以便使过滤纸团能均匀地吸取水分。过滤纸的上面、放有两类干燥的、没有发过芽的玉米种子，一类玉米种子的胚根朝着地球的北磁极。这样经过一些时间，玉米的种子就能慢慢地开始发芽。有趣的是，胚根朝向地球南磁极的那类玉米种子，要比胚根朝向地球北磁极的那类玉米种子早几昼夜发芽，并且还发现前者的根和茎，生长都比较粗壮，而后者的种子所发的芽，常常会产生弯向南磁极的形态。

为了探索其中的奥妙，有人还精心设计了一种试验设备。让种子处在强度高达4 000高斯的永久磁铁中，结果有趣地发现种子的幼根仿佛在避开磁场的影响，而偏向磁场较弱的一边。

这是什么原因呢？科学工作者经过了几年的研究发现，原来植物的有机体，是具有一定的磁场和极性的，并且有机体的磁场是不能对称的。一般说来，负极往往比正极强，所以植物的种子在黑暗中发芽时，不管种子的胚芽朝哪一个方向，而新芽根都是朝向南方的。

经过研究，科学工作者还发现弱磁场不但能促进细胞的分裂，而且也能促进细胞的生长，所以受恒定弱磁场刺激的植物，要比未受弱磁场刺激的根部扎得深一些，而强磁场却与此相反，它能起到阻碍植物深扎根的作用。

生长最好的是呈扇形的树苗

但任何事物并不是绝对的，有关的试验表明，当种子处在磁场中不同的位置时，如果磁场能加强它的负极，则种子的发芽就比较迅速和粗壮；相反，如果磁场能加强它的正极，则种子的发育不仅变得迟缓，而且容易患病死亡。科学工作者曾经在堪察加半岛进行这样的实验，在种植落叶松的时候，不是按通常那样彼此之间是相互平行的，而是径向种植的，各行的树分别朝南、东西和西南方向排列，结果有趣地发现，生长最好的是以扇形磁场东部取向的那些树苗。根据这个科研成果，在栽种落叶松时，人们采用了一种黏性纸带，在纸带上放置已按预定方向取向的种子来进行播种。

磁场对动物的生命活动，也有一定的影响。人们曾经用鱼类、老鼠、白蚁、蜗牛、果蝇和蚯蚓等动物做实验，结果发现鼠类在很强的均匀磁场中，生长缓慢而且短命；在不均匀的磁场内，其死亡率会增加；在高达 3 000 ~ 4 000 高斯的稳定磁场下，能使它性欲周期消失；在经过永久磁铁磁场作用的老鼠，对于通常情况可以致死的辐射剂量，具有较强的抵抗能力。

人们很早就发现白蚁常常按照磁场的方向来休息。有人曾经故意把它按东西方向横放着，然后拿到磁场非常强的人造磁场中，发现它仍会按照新的磁场方向挪动身体的位置。

蜗牛的运动也是一样。当外界磁场强度在 0.1 ~ 0.2 高斯左右时，它辨别方向的能力最为灵敏；当外界磁场强度增大时，分辨方向的能力就会很快消失。

一般的蠕虫，当外界磁场超过 10 高斯时，其辨别方向的能力也会消失。

地球诞生以来，地球磁场不但改变方向，而且经常倒转。螃蟹是一种对磁场十分敏感的动物，面对着磁场不断变化的情况，它不得不采取一种折衷的办法，以不变应万变，既不向前走也不向后走，而是横着走。地球的倒转对这种老资格的动物来说，就没有什么影响了。

候鸟靠磁场迁徙

我们经常可以看到大批大批成群结队的候鸟朝着同一个方向进行迁徙。有关专家指出，部分候鸟在白昼迁徙，夜间休息，以便利用白天由于日照引起的上升气流来节省体力。还有部分学者研究出，候鸟选择在白天进行大规模的迁徙，这样可以有效地利用太阳或者地面作为导航以及参照物。

然而，科学家发现还有很多候鸟是选择在夜间进行大规模的迁徙的，这些候鸟多选择夜间迁徙，白昼蛰伏、觅食的方式，选择夜间迁徙的候鸟会在凌晨异常活跃，在一些候鸟常年中途停靠小憩的地方，成千上万的候鸟喧闹声甚至能够吵醒熟睡的人。

大雁南飞

这时，我们大家不得不思考了，难道候鸟真的拥有天大的本事吗？即会夜晚依靠星星月亮作为自己飞行的导航，同时白天又会依靠太阳和地面作为自己飞行的导航。

在大自然中，很多动物都会迁徙，其中鸟类每年春秋两季的迁移过程中，迁移距离可从数百千米到数万千米。鸟类能飞越浩瀚无边的荒漠或者汹涌澎湃的大海等难以停栖休息或补充能量的区域，因此被认为在长途迁徙上，是演化最成功的一类动物。

究竟是什么神秘的因素会帮助候鸟迁徙如此之远？什么机制促使候鸟在每年几乎固定的时间开始迁徙？候鸟用什么方法在茫茫天际间飞往正确的方向呢？

原因很简单，有关专家推断，在候鸟的身上隐藏着神奇的磁性物质，这些物质会帮助候鸟在地球磁场的范围内高空飞行时实现正确的定位和导航，无论是晴天或者下雨天，抑或是晚上，候鸟在迁徙的时候都可以准确无误地做出定位选择，最终成功地到达理想中的栖息繁衍之地。

在遥远的欧洲古罗马人很早就已经知道鸽子具有归巢的本能。古埃及的渔民，每次出海捕鱼多带有鸽子，以便传递求救信号和渔汛消息。在古巴比伦王国，曾经有一个叫陶罗斯瑟内斯的人，把一只鸽子染成紫红色后放飞出去，让它飞回到琴纳的家中，向那里的父亲报信，告知他自己在奥林匹克运动会上赢得了胜利。人们利用鸽子有较强的飞翔力、归巢能力、识别方向的能力等特性，培养出不同品种的信鸽。鸽子的归巢能力，指一幼小的鸽子在一个地方长大后，把鸽子带到很远的地方，它仍然会也能找回它原来的老巢。

其实，生物学家研究出，鸽子在识途时最重要的导航工具就是地球的巨大磁场。因为当地球磁场发生大的变动时，鸽子就会不认识路。有人做过这样的实验，在鸽子头顶和脖子上绕几匝线圈，并且加上通着电的小电池，这样一来的话，鸽子头部就会产生一个均匀的附加磁场。倘若把鸽子放飞，会发现鸽子的飞行轨迹毫无规律可言，非常混乱。

鲨鱼的秘密武器

提到鲨鱼，人类会自然而然地想到它是异常凶猛的动物，鲨鱼适应于肉食生活，因此，鲨鱼食人事件屡屡发生。鲨鱼存在地球上至今已超过4亿年，它们在近1亿年来几乎没有改变。世界上最大的鱼类是鲸鲨，鲸鲨的体长可达18米，重量可达4万千克。

很多鲨鱼包括大白鲨，口中都有成排的利齿。只要前排的牙齿因进食脱落，后方的牙齿便会补上。新的牙齿比旧的牙齿更大更耐用，鲨鱼的一生需更换上万颗牙齿。鲨鱼的牙齿呈锯齿状，如此一来，鲨鱼不但能紧紧咬住猎物，也能有效地将它们撕碎。

众所周知，好莱坞电影《大白鲨》在全球公映，里面的大白鲨惊心动魄，一次又一次地攻击游轮和人类，很血腥很暴力。无论人们采取什么防范措施，聪明的大白鲨总能巧妙地识破诡计，破坏人类猎杀它的大船以及钢丝网。随后，人们对鲨鱼的恐惧感更是深入骨髓，谈鲨色变。有新闻报道说：泰国一名渔夫在海上捕鱼收网时，意外抓到一条大白鲨，仔细一看，赫然发现鲨鱼嘴巴处露出一条人腿。这只在印度尼西亚海域被捕获的鲨鱼，身长接近4米，渔夫在上岸后，立刻向当地警方汇报鲨鱼吃人的事件，警方在大白鲨的肚子里发现人的接近腐烂的胳膊和半截左腿，形状惨不忍睹、令人不寒而栗。然而，更为迷惑的是鲨鱼的视觉系统非常的不好，而且还远视，但是为什么每次却能迅速、准确地袭击人类和捕捉猎物呢？

图与文

鲨鱼早在恐龙出现前三亿年前就已经存在地球上，至今已超过四亿年，它们在近一亿年来几乎没有改变。鲨鱼，在古代叫作鲛、鲛鲨、沙鱼，是海洋中的庞然大物，所以号称“海中狼”。

其实，鲨鱼有非常完善的磁场系统，具有高度发达的侧线，使鲨鱼在水中作为探测猎物的“距离感知器”，对海洋磁场很敏感，因而很容易就能判断猎物所在的具体位置。

美国著名海洋生物学家表示，他们已经获得了第一手的证据证明，鲨鱼可以很聪明地利用地球磁场的变化来为自己导航。这一发现为科学研究证实很多海洋生物体内蕴藏着磁性，身体内部存在着一个罗盘导航系统足以引导它们辨别方位。这一最新的研究成果发表在英国皇家科学院的学刊上。夏威夷大学的海洋生物学家卡尔·梅耶和他的同事设计策划了这项试验。

科学家们继续研究并证明了鲨鱼如何能灵敏地辨别出地球磁场的方向，因为它们还具有第六感，也就是感电力，鲨鱼能借助这种能力察觉物体四周的微弱电场。它们还可借助机械性的感受作用，感觉到600英尺外的鱼类或动物所造成的震动。鲨鱼头部有个能侦探到电流和磁场的特殊细胞构成的侧线系统，被称为电感受器。鲨鱼就是利用这种电感受器来捕获猎物以及在水中自由游弋的。

耳内藏有磁体的螃蟹

当我们在小河边或者沙滩上游玩的时候，或许会发现一些“横行霸道”的螃蟹，它们将周围观赏游玩的人们置若罔闻，自己照样走自己的路。我们会很好奇，天底下怎么会有这么稀奇的行走方式呢？几乎所有的生物都是正常的行走方式，而为什么唯独螃蟹非要与众不同呢？它怎么就可以自由地横着走呢？里面究竟隐藏着什么奥秘呢？

生物学家将螃蟹的硬壳去掉后，会发现螃蟹的身体部分受到一层壳的保护，这些像盾状的壳，生物学家称之为背甲。我们日常见到的螃蟹身体前方的一对强壮的螯，螃蟹可用它来觅取猎杀食物。最令世人称奇的就是螃蟹的4对与众不同的脚。因为螃蟹走路移动要依靠这4对脚，它们走路的模样非常独特而有趣，大多是横着走而不是往前直行。

图与文

螃蟹的身体被硬壳保护着。螃蟹靠鳃呼吸。绝大多数种类的螃蟹生活在海里或靠近海洋，也有一些的螃蟹栖于淡水或住在陆地。母蟹一次会产百万粒的卵，但成活率不高。螃蟹是依靠地磁场来判断方向的。

科学家声称，因为螃蟹横着走可以节约很多寻找食物的时间，虽然它们并不挑食，只要螯能够弄到的食物都可以吃。无论是虾米、小鱼或者

小动物的尸体都是它们的美味佳肴。

究竟是什么原因致使螃蟹会横着走呢？专家研究得出，螃蟹是依靠地磁场来判断方向的。因为在地球形成以后的数亿年漫长岁月中，地磁南北极已发生多次恐怖的倒转。众所周知，地磁极的倒转会轻易地导致许多生物无所适从，甚至惨遭灭顶之灾。

经过对螃蟹的解剖，科学家得知螃蟹是一种非常古老的洄游性动物，它的内耳藏有能够定向的小磁体，对地磁非常的敏感。在历史的演化进程中，一旦地磁场发生倒转，就会使螃蟹体内的小磁体失去了原来的定向作用。每一次的磁极倒转，都会让有幸生存下来的螃蟹极为艰难，后来，螃蟹为了使自己在地磁场倒转中能够更好地生存下来，螃蟹采取“以不变应万变”的做法，干脆不前进，也不后退，而是横着走。

能放电的鳗鱼

世界上真的有能放电的鱼吗？电鱼真的可以杀人于无辜吗？电鱼真的会用电来猎物食物于无形吗？这其中奥秘是什么呢？

1908年，一批探险家去南美洲的亚马孙河搞科研，黄昏时分，当他们来到一片沼泽地的时候，隐隐约约地发现了一条很稀奇的怪鱼，于是他们决定去探寻个所以然。他们刚刚下河，忽然一位探险家晕倒在地，随即，其余的探险家都赶紧去搀扶这位昏厥者，结果是他们都昏厥倒地，这一事件立刻引起了科学家的强烈反响，后来经过实地考察研究，认为这就是传说中的电鱼。为什么电鱼能放出这么大的电压呢？

科学家经过一番仔细的解剖研究和实验，终于发现在电鱼体内有一种奇特的放电器官。当然，各种电鱼放电器官的位置和形状都不一样，下面就以电鳗鱼为例来说明这种情况。电鳗的放电器官分布在尾部脊椎两侧的肌肉中，呈长棱形；在电鱼的放电器官中，共有200万块犹如蜂窝状的电板，

图与文

电鳗鱼大多数生活在亚马孙河流域，外形细长，大约2米，酷似大泥鳅，它输出的电压最大可以达到800伏，喜欢昼伏夜出，用电捕食一些螃蟹、虾米和水生昆虫等等，摄食强度和生长速度会随着水温的升高而增强，一般以春夏两季为最高。

这些电板一面比较光滑，连着神经系统；另外一面比较粗糙，并且电板膜以外带着正电，膜内带着负电，在神经系统的控制下，两面的电荷会发生不对称现象，因而会产生电流。单个电板产生的电压很微弱，但由于电板很多，所以产生的电压就很可观了。

世界之大，无奇不有。调查资料发现，世界上最早、最简单的电池——伏打电池，就是19世纪初意大利物理学家伏打，根据电鳗鱼的放电器官设计出来的，他模仿电鱼的放电器官，把许多铜片、盐水浸泡过的纸片和锌片交替叠在一起，这才得到了功率比较大的直流电池。

鳗鱼在全世界有18种，它们在地球上都存活了几千万年，1991年人们发现了它产卵场景，它的性别原来受环境因素和密度的控制，当密度高、食物不足时会变成公鱼，反之变成母鱼。

能提前感知地震的植物

大家都知道，在地震到来之前，不少动物拥有人类所不具有的“第六感”和“超能力”，因而会提前做出异常灵敏、准确的反应，那么，植物又会与地震有着什么千丝万缕的关联呢？在地震前，蒲公英在初冬季节就提前开了花；山芋藤也会一反常态突然开花；竹子突然开花，大面积死亡等一

些反常的离奇现象。这些异常现象往往预示着地震即将发生。

科学家还发现，种子的胚芽竟然会定向地朝向同一个方向，而且，其嫩芽根部总是朝向南方的；细心的人们会发现，为什么原本一盆枝叶茂盛的吊兰，连续贴放在电视机附近几天后，会变得枯萎、溃烂呢；为什么很多人磁疗会很有效地治愈肠胃病呢？

从植物细胞学的角度来讲，这些植物体里面的细胞酷似一个活电池，当接触到生物体非对称的两个电极时，就会产生电位差，从而出现电流。所以，植物对外界的刺激会在体内发生兴奋反应，类似于含羞草那样被外界触碰后会立即收缩那样。

图与文

任何物质都有或强或弱的磁性，植物也不例外。植物除了其物质本身的磁场外，也存在电流产生的磁场（如光合作用中的电化学反应引起的磁场）。

科学家们对合欢树进行了实验，例如，1978年的6月份，合欢树的电流一直正常，而到10月份出现了大的电流，于是乎，第二天便发生了8级大地震。

那么，为什么地震之前植物的电流会剧烈变化呢？因为它的根系能敏感地捕捉到地下发生的许多极其微妙的物理、化学、生物变化，其中就是因为能够感应到整个地球内部磁场的变化，从而导致植物相应地也发生变化。以后，科学家们会更加努力地加强植物能预测地震的研究，因为植物对预报地震的贡献是不可替代和不可逾越的。

有人曾做过这样一个实验：在空气中，将一个电极放在一株植物的叶子上，另一电极放在植物的基部；结果发现两个电极之间能产生30毫伏左右的电位差。说明植物体内是存在生物电的，也就说明了有因其电流而产生的磁场的存在。

奇特的人体磁力现象

世界之大，无奇不有。在俄罗斯，竟然有一位神奇恐怖的“磁铁人”，她的名字叫做叶琳娜·科奥琳娃。认识她的人都惊呼她的这种超能力，并且怀疑她是不是真正的地球人。根据叶琳娜自己的叙述得知，她自从拥有了这种奇异的特异功能之后，她感觉她自己的身体好像就是一个巨大的磁铁，几乎可以吸住很多很多铁制品，这令她很是惊喜与苦恼。因为不管她走到哪里，几乎能将周围很多的铁制品吸附到自己身上，最普通不过的现象就是看到她满身都是铲子、叉子的样子。

人们大概归纳了一下，叶琳娜除了能将各种小型金属物吸附在身上，她甚至有时候还能出其不意地将家里的小台灯点亮，或者更加夸张点的就是导致超市报警器的瘫痪以及激发汽车警报器的鸣叫等等。

无独有偶，在中国台湾也有这么一个不可思议的奇男子，他全身上下能轻易地吸附很多铁质的东西，甚至是稍微有分量些的键盘、鼠标也会乖乖地依附在他的身上。这一现象使全世界的人大跌眼镜。但被称做“人体磁铁”的罗马尼亚40岁男子奥勒尔·雷利纽却不同凡响，因为他的皮肤能够吸附起任何东西，不管是金属还是木头，瓷盆还是熨斗甚至电视机，都像胶水似的粘得牢牢的。

人体也有磁力

不久前，奥勒尔向记者透露了他的这一“神功”，只见奥勒尔俯身在一台23千克重的电视机上，开始集中精力，接着他站了起来，那台电视机竟然被紧紧吸在了他的胸部，奥勒尔胸口粘着这台电视机在屋中走来走去，持续了几分钟，直到他最后用手费力地将电视机拉了下来为止。接着，奥勒尔又用胸部吸附了一块钉着许多钉子的大木头，大家都被他的“磁力”表演惊得目瞪口呆。奥勒尔说：“我可以吸起许多东西，什么调羹、磁带、书本、打火机。不过，我并不是所有时候都具有‘磁力’，有时必须先对某样东西集中注意力，然后才能将它吸附起来。”

根据有关专家的推测，可能是她体内的电磁场比平常人强大许多，所以才能让硬币、螺丝刀等小件金属物贴在身上几分钟之久。人类居然有这种奇特的功能，科学家们当然不会放过这个研究“特异功能”的机会。学者认为，他们之所以能够吸附物体，是因为他们的身体具有强大的磁力，甚至超过地球磁力的几百倍!

特异功能有很多种类和形式。目前，国际上承认的有两类：一类称作特异感知，指不用正常的感觉器官进行感知，能感知到正常人感知不到的事物或信息，如耳朵识字、透视等。另一类称作特异致动，指不通过任何形式的实际接触而对环境或物质对象施加物理作用。此外，还有特异治疗功能，即不依靠任何常规的医疗手段，仅凭人体特异能量对病人进行治疗。

探求人体生物钟之谜

人体生物钟，简称“生物钟”为什么没有闹钟的铃声，你却每天按时醒来？为什么雄鸡啼晨，蜘蛛总在半夜结网？为什么大雁成群结队深秋南飞，燕子迎春归来？为什么夜合欢叶总是迎朝阳而展放？为何女子月经周期恰与月亮盈缺周期相似？生物体的生命过程复杂而又奇妙，生物节律时时都在奏着迷人的“节律交响曲”。

人的生命过程是极其复杂多变而又妙趣横生的。然而，有一种神秘的力量在幕后一直如影随形地操控着我们人类。它就是我们所说的生物钟。生物钟每时每刻都在掌控着我们的人生大舞台。在科学家眼里，生物钟也被叫做生物节律。顾名思义，生物钟指的就是生物体的生理、行为及形态结构等随时间作周期变化的现象。人体生物钟是人们长期进行有规律的生活自然而然养成的一种习惯，在短时间内建立起来是不可能的。因而，人体生物钟一旦建立，也是很难被改变的。生物钟一直以来都吸引了众多科学家的研究，他们经过长期研究得出这样的结论：地点的变化、光线的明暗变化以及气候的冷暖变化等，都只是生物时间规律的外部条件，不足以大幅度地影响人体生物钟的改变。

在人体内部还有一种类似时钟的东西，它可以不依赖外部条件而自行运转，指挥着人体的正常生物活动，这就是人体的生物钟。

图与文

人体生物节律是指体力节律、情绪节律和智力节律。由于它具有准确的时间性，因此，也称之为人体生物钟。在我们日常生活中，有人会觉得自己的体力、情绪或智力一时很好，一时又很环，人从他诞生之日起，直至生命终结，其自身的体力、情绪和智力都存在着由强至弱、由弱至强的周期性起伏变化。人们把这种现象称作生物节律，或生物节奏、生命节律等。产生这种现象的原因是生物体内存在着生物钟，它自动地调节和控制着人的行为和活动。

其实，生物钟是多种多样的。就我们人类本身而言，已发现的奇妙生物钟数量已经达到了100多种。生物钟对我们的日常生活来说，极其重要。因为整个人类都是按照昼夜为周期进行的作息安排，人体的体温、血压、脉搏和人的情绪、智力甚至是体内的脑电波信号、身体电磁场的变化等等，都会随着昼夜变化作周期性变化。经过

世界各个国家的著名科学家的实验研究和科学论证得出，人体的生理、体能的变化和疾病的产生有23天的周斯性，而更加奇妙的是人的心理变化有28天的周期性。

为了得到更加确切可靠的验证资料，一位德国科学家也提出了与之极其接近的科学见解，他从医院开始着手研究，根据所选择的病例中实验发现，人类的发病期和死亡期往往与23天的周期节律有着十分密切的关联。之后人们又发现人类的智力活动也同样存在着一个33天的周期，也就是说在33内有一天人们的智力节律达到高潮，大脑思维、记忆力都处于最佳状态，随后逐渐下降，33天后又到达一个新的状态。得到这一有益发现之后，怎么样能够很好地调节生物钟，使生物钟能够真正为我们人类所利用，真正帮助人类成为了人们普遍关心的问题。

在大型考试之前的几个月时间里面，老师就会有意识地提醒同学们一定要调节好自己的生物钟，能够使生物钟达到所需要的最佳状态。如今，这种生理周期已被广泛地应用于体育竞技中，在临近比赛之前，教练员、心理医生会有计划地调整运动员的生物钟，使运动员在比赛时达到最佳竞技状态。

究竟是什么因素使人体产生了如此奇妙的生命规律呢？控制生命节律的生物钟是怎么一回事呢？它为什么会固定下来呢？

科学家认为，我们人体的生物钟是具有外源性质的，会受到很多复杂的宇宙信息控制。人体对广泛的外晃信息极其敏感，最有权威的论证就是，生物钟受到地磁变化的影响最为深刻。地磁场有规律的变化会引起人体生命有规律的周期性变化。

至于人体生物钟之谜何时能被真正的揭开，仍然需要经过科学家们不断的研究和探索。生物钟之谜一旦被真正揭开，相信会极大地改善人类的生活。

人体也有磁场

人体磁场属于生物磁场的范畴。就人体磁场产生与测定的研究而言，它的历史并不长，大约三四十年，现处于发展过程中。由于人体的磁场信号非常微弱，又常常处于周围环境的磁场噪声中，给测定工作带来了极大的困难，这是造成此项研究迟缓的主要原因。但伴随现代科学技术的飞速发展，陆续研制出了一系列先进的测量仪器，尤其是超导量子干涉仪的研制成功，使人体磁场的研究进入高速发展时期。

用微弱磁场测定法通过对人体磁场的检测，把所获人体磁场的信息应用于临床多种疾病的诊断及推进一些疑难病症的治疗中，都有重要的意义。

人体生物磁场是如何形成的？科学家研究认为，其来源有三：一是由生物电流产生。人体生命活动的氧化还原反应是不断进行的。在这些生化反应过程中，发生电子的传递，而电子的转移或离子的移动均可形成电流称为生物电流。二是由生物磁性物质产生的感应场。人体活组织内某些物质具有一定的磁性，例如肝、脾内含有较多的铁质就具有磁性，它们在地磁场或其他外界磁场作用下产生感应场。三是外源性磁性物质可产生剩余磁场。由于职业或环境原因，某些具有强磁性的物质如含铁尘埃、磁铁矿粉末可通过呼吸道、食道进入体内，这些物质在地磁场或外界磁场作用下被磁化，产生剩余磁场。

但是，人体生物磁场强度很弱，人体生物磁场在适应宇宙的大磁场的情况下，才能维持机体组织、器官的正常生理，否则就会出现异常反应或生病。人体脏器如心、脑、肌肉等都有规律性的生物电流流动。运动着的电荷会产生磁场，从这个意义上说，人体凡能产生生物电信号的部位，必定会同时产生生物磁信号。心磁场、脑磁场、神经磁场、肌磁场等都属于这一类磁场。

由于人体磁场非常微弱，并且受到各种外界环境的影响，检测人体磁场很困难。目前检测到的人体生物磁场主要有以下几种：

其一是脑磁场。脑磁场非常微弱，但对这方面的研究较多，不但测出了正常人的脑磁场，而且测出了癫痫病人的脑磁场，还研究了视觉、听觉及躯体等方面的诱发脑磁场。有的研究者认为脑磁图可能有助于了解脑细胞群活动与皮层产生的特定功能之间的关系，并有可能成为诊断脑功能状态的新方法。诱发脑磁场的研究结果，将会在生理学、组织学等研究上有重要作用。关于脑磁场的研究证明：测量脑磁图比脑电图有不少优越性。脑磁图不需要接触皮肤，不会发生由此出现的伪差。另外脑磁图可以直接反应脑内磁场源的活动状态，并能确定磁场源的强度与部位。视觉诱发脑磁场，听觉诱发脑磁场与躯体诱发脑磁场具有特异性，能够分辨出组织上与功能上不同的细胞群体，而诱发脑电图则不能取得上述效果。

人体磁场

其二是心磁场。心磁场是最早探测到的人体磁场。心磁场随时间变化的曲线称为心磁图。心脏不停地进行舒张收缩活动，供给全身的血液，因而起到了泵的作用。心脏的收缩活动是由于心肌受到动作电位的刺激而发生的，心室肌肉发生动作电位就有电流流动，即心电流，随着心电流的流动而产生心磁场。

其三是肺磁图。肺磁图首先是由科恩于 1973 年探测出来的，虽然它较脑磁场迟了 6 年，较心磁场迟了 10 年，但进展较快，并且已取得了一些重要研究成果，有些国家已开始应用于临床。我国南开大学也于 1981 年开始了关于肺磁场的研究，并且已取得了一定的研究成果。有人预言肺磁图“很可能成为临床上广为应用的具有划时代意义的一种检查技术”。

肺磁场的产生不同于脑磁场、心磁场，它不是由于体内生物电流产生的，而是由侵入肺中的强磁性物质产生的。在某些工作环境的空气含有较多的强磁性微粒，那里工人的肺中强磁性微粒多于一般人，如电焊工人、石棉工人、钢铁工人等。进入人体肺中的强磁性微粒在地磁场与其他外加磁场的作用下被磁化，而产生剩余磁场。虽然肺磁场在人体磁场中是比较强的，但和地磁场、交流磁噪声相比，仍然是比较弱的。

其四是眼磁场。有作者用超导量子干涉仪研究了眼球运动时产生的垂直分布的眼磁场分量的情况，并研究了光刺激产生的眼磁图。依据设想的眼电流强度与分布模型计算出来的眼磁场分布和积极测量的眼磁场很符合。应用眼磁图的优点是不需要接触人体皮肤就能得到较多的信息。视网膜磁场是由视网膜电流产生的，视网膜磁场随时间变化的曲线称为视网膜磁图，它可以用来检查眼睛的病变。

其五是肌磁场。人的骨骼肌运动时，便会产生肌电流，随着电流而产生肌肉磁场。肌磁场虽然微弱，仍可以通过仪器测出。肌磁场随时间变化的曲线称为肌磁图。

其六是穴位磁场。经过现代科学的测定发现人体的穴位也具有一定范围的磁场，而且是磁场的聚焦点，是人体电磁场的活动点和敏感点，而经络则是电磁传导的通道。

上述这些观察都说明穴位是有磁性的，并且是具有一定范围的磁场，虽然磁场强度很低，但它是客观存在的；外加磁场（不论使用磁片或是电磁疗机）均能引起穴位磁场的方向、强度发生改变，这种改变循经络传导，到达调控的器官进而引起该组织器官的一系列变化，这也是磁场作用于穴位能治疗相应疾病的一个基本原理。

人类脑电图的诞生

人身上都有磁场，但人思考的时候磁场会发生改变，通过磁场而形成一种生物电流的，科研人员把它称为“脑电波”。通过能量守恒，我们思考的越用力，形成的电波也就越强，于是也就能解释为什么大量的脑力劳动会消耗更多的能量，导致比体力劳动更大的饥饿感。生物电现象是生命活动的基本特征之一，各种生物均有电活动的表现，大如鲸，小到细菌，都有或强或弱的生物电。其实，英文细胞一词也有电池的含义，无数的细胞就相当于一节节微型的小电池，是生物的源泉。

鲸

人体也同样广泛地存在着生物电现象，因为人体的各个组织器官都是由细胞组成的。对脑来说，脑细胞就是脑内一个个“微小的发电站”。我们的脑无时无刻不在产生脑电波。早在 1857 年，英国的一位青年生理科学工作者贝克在兔脑和猴脑上记录到了脑电活动，并发表了题为《脑灰质电现象的研究》的论文，但当时并没有引起重视。15 年后，贝克再一次发表脑电波的论文，才掀起研究脑电现象的热潮。直至 1924 年德国的精神病学家贝格尔才真正地记录到了人脑的脑电波，从此诞生了人的脑电图。

到现在为止，我们讲述的大部分内容是属于逻辑性的，是“左脑”活动。

但为了利用你右脑和潜意识的惊人力量，高效学习的真正钥匙可以用两个词来概括，即放松性警觉。这种放松的心态是你每次开始学习时必须具备的。人一般是怎样取得那种状态呢？数以千计的人通过每天的静心或放松性活动、特别是深呼吸来取得。但是，越来越多的教师确信，几种音乐能更快、更容易地取得这些效果。韦伯指出："某些类型的音乐节奏有助于放松身体、安抚呼吸、平静心情，并引发极易于进行新信息学习的、舒缓的放松性警觉状态。"

当然，正如电视和电台广告每天证实的那样，当音乐配以文字，许多种音乐能帮助你记住信息内容。但是研究人员现在已经发现，一些巴洛克音乐是快速提高学习的理想音乐，一部分原因是因为巴洛克音乐每分钟 60 ~ 70 拍的节奏与 α 脑电波一致。技巧丰富的教师现在将这种音乐用作所有快速学习教学的一个重要组成部分。

但对于自学者来说，眼前的意义是显而易见的，即当你晚上想要复习学习内容时，放恰当的音乐就会极大地增强你的回忆能力。α 脑电波也适合于开始每一次新的学习。很简单，在开始前，你当然得清理思路。将办公室的问题带到高尔夫球场上，你就打不好球，会心不在焉。学习也是如此。从高中法语课马上转上数学课，这会难于"换挡"。但是花一会儿时间做做深呼吸运动，你就会开始放松。放一些轻松的音乐，闭上眼睛，想想你能想象到的最宁静的景象——你很快会进入放松性警觉状态，这一状态会更易于使信息"飘进"长期记忆之中。

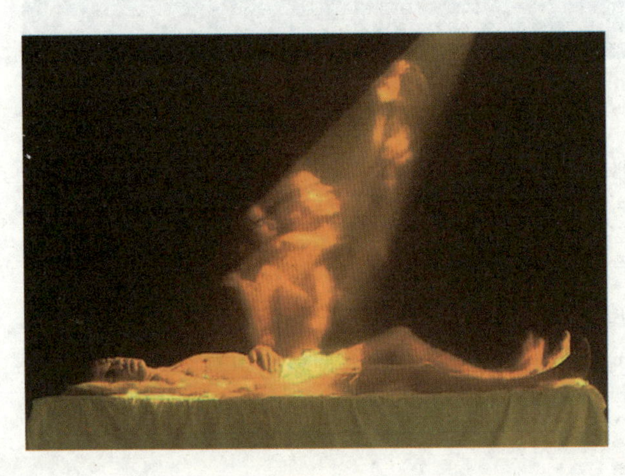

脑电波

因此可以说，α 脑电波可以通过冥想、放松、深呼吸等方法获

得，而音乐，是效果最快、最好的导出方式。因此，在我们的训练过程中，始终辅以轻快优雅的音乐背景，既排除外界干扰，又可使大脑处于最佳学习状态，达到事半功倍的学习效果。

大家都知道“电生磁，磁生电”的道理，也就是说，电场与磁场总是相伴而生的。既然人脑有生物电或电场的变化，那么人的大脑有磁场吗？

这个问题许多科学家都想弄清楚，1968 年国外有科学家首次测到了脑磁场。由于人脑磁场比较微弱，加上地球磁场及其它磁场的干扰，必须有良好的磁屏蔽室和高灵敏度的测定仪才能测到。1971 年，国外有人在磁屏蔽室内首次记录到了脑磁图。脑磁测量是一种无损伤的探测方法，可以确定不同的生理活动或心理状态下脑内产生兴奋性部位。

可感知地磁场的海龟

海龟早在 2 亿多年前就出现在地球上了，是有名的“活化石”。据《世界吉尼斯纪录大全》记载，海龟的寿命最长可达 152 年，是动物中当之无愧的老寿星。正因为龟是海洋中的长寿动物，所以，沿海人仍将龟视为长寿的吉祥物，就像内地人把松鹤作为长寿的象征一样，沿海的人们也把龟视为长寿的象征，并有“万年龟”之说。

海洋中目前共有 8 种海龟，其中有 4 种产于中国海域，主要分布在山东、福建、台湾、海南、浙江和广东沿海，中国海龟群体数量最多的是绿海龟。

海龟有鳞质的外壳，尽管可以在水下待上几个小时，但还是要浮上海面调节体温和呼吸。海龟最独特的地方就是龟壳。它可以保护海龟不受侵犯，让它们在海底自由游动。除了棱皮龟，所有的海龟都有壳。棱皮龟有一层很厚的油质皮肤在身上，呈现出 5 条纵棱。

海龟虽然没有牙齿，但是它们的喙却非常锐利，不同种类的海龟就有

海 龟

不同的饮食习惯。海龟分为草食、肉食和杂食。红头龟和鳞龟有颚，可以磨碎螃蟹、一些软体动物、水母和珊瑚。而玳瑁海龟的上喙钩曲似鹰嘴，可以从珊瑚缝隙中找出海绵、小虾和乌贼。绿龟和黑龟的颚呈锯齿状，主要以海草和藻类为食。海龟在吃水草的同时也吞下海水，摄取了大量的盐。在海龟泪腺旁的一些特殊腺体会排出这些盐，造成海龟在岸上的“流泪”现象。

美国北卡罗来纳大学研究人员的一项研究发现，海龟在长途迁徙中能保持方向感，是因为它们能感受地磁场的细微变化。北卡罗来纳大学的生物学家内森·帕特曼和肯尼思·洛曼研究发现，一种被称作 BOBA 的海龟在长途迁徙中，即使最近的海岸在数百千米之外，它们也能辨别方向，关键就在于它们能感受地磁场的变化，不但对纬度，而且也能对经度作出准确判断。这一研究成果刊登在美国《当代生物学》杂志上。

事实上，人们早就发现 BOBA 海龟在大西洋中迁徙的时候可以依靠地磁场辨别方向。但地磁场的磁场方向与地球自转的轴心相同，也是南北方向的。因此，海龟在迁徙过程中如何判断东西方向一直是一个谜。内森·帕特曼和肯尼思·洛曼认为，海龟同样也是利用磁场信息来判断东西方向的。帕特曼指出：“在海龟迁徙的路途上，几乎所有区域的地磁偏角和地磁强度等参数都是唯一的。”

在研究过程中，帕特曼和洛曼让新出生的 BOBA 海龟在黑暗的游泳池中游泳，并用计算机控制的线圈在游泳池中模拟出大西洋不同区域中的地磁场。当模拟出的地磁场是哥斯达黎加附近海域时，小海龟们朝着东北方向游泳；当模拟的地磁场是佛得角群岛附近时，小海龟们则朝西南方向游。

这表明，BOBA 海龟不仅利用它们对地磁场的感应判断纬度，还判断经度，以此达到在大洋中精确定位的目的。

带有磁性的细菌

在 20 世纪 70 年代，一位美国博士生在研究细菌时，偶然观测到一种水生细菌总是朝北方和一定深度的水下游动。这一奇特现象引起了他和后来更多的研究者的关注。对这种后来称为磁性细菌或称向磁性细菌的大量的观测和研究取得了许多重要的结果。

首先，分别在北半球的美国、南半球的新西兰和赤道附近的巴西对这种磁性细菌的观测研究表明，这种磁性细菌在北半球是沿着地球磁场方向朝北和水下游动，而在南半球却是逆着地球磁场方向朝南和水下游动，但在赤道附近则既有朝北游动的，也有朝南游动的。其次，由细菌体分析研究表明，在这种长条形细菌体中，沿长条轴线排列着大约 20 颗细黑粒。这些细黑粒是直径约 50 纳米的强磁性 Fe_3O_4。再其次，将这种细菌在不含铁的培养液中培养几代后，其后代体内便不再含有 Fe_3O_4 细粒，同时也不再具有沿地球磁场游动的向磁性了。总之，这些观察、实验和研究表明，磁性细菌所表现的沿地球磁场游动的特性是同细菌体内所含的强磁性 Fe_3O_4 分不开的。

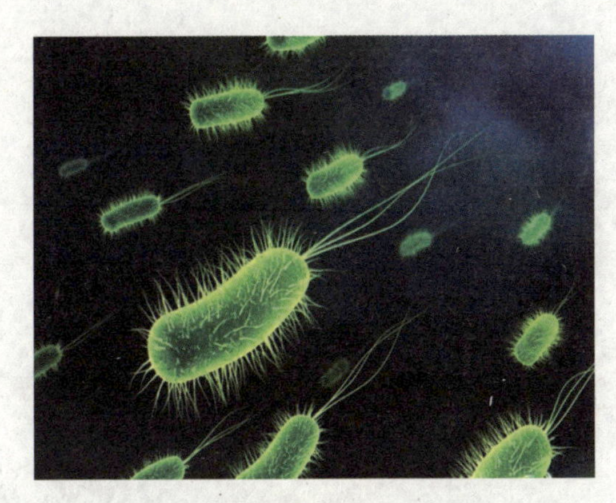
细菌有磁性

如果进一步再问，为什么这些强磁性铁氧体颗粒的直径总是在 50 纳米左右，而不是更粗或者更细的颗粒？为什么这些磁性细菌在地球北半球和南半球的游动方向会分别向北和向南？目前的研究是这样说明的：这种强磁性铁氧体（Fe_3O_4）颗粒在50纳米附近正好形成单磁畴结构，可得到最佳的强磁性。如果颗粒太粗，会形成多磁畴结构，而如果颗粒太细，又会产生超顺磁性，都会使其强磁性减弱。这种磁性细菌在地球北半球和南半球的游动方向分别向北和向南，是因为这种磁性细菌是一种厌氧性细菌，这样沿地球磁场游动都正好离开海洋表面而游向少氧的海面下，而且在这样海面下也正是养料较为丰富的区域。不过这些解释是还需要进一步的观察、实验和研究的。

第六章

磁性的神奇应用

磁性在各个领域的应用非常广泛，在我们的日常生活中，如电动机、电磁炉、电风扇、电视机、计算机、手机等等。许多磁性材料具有特殊的效应，如磁光效应、磁力效应、磁热效应和磁共振现象等，这些特殊效应都有重要应用。在工业上，从磁悬浮列车到磁选矿机、电磁阀等，几乎遍及所有行业；在军事上，有电磁武器以及雷达、隐形飞机等，几乎所有电磁化的武器装备都离不开磁；在航天与太空探索上，太空望远镜、卫星、宇宙飞船等都用到磁。另外，在能源、交通、农业、医疗等领域，也愈来愈显示出磁性应用的强大生命力。

离不开磁的发电机

我们生活在电气化时代。但是电能是如何得到的？一般说来，电能是从其他能量如热能、水的动能、原子能等转换成电能的，即先将这些能量通过热机或水力机转换为机械（动）能，再把机械能转换为电能。这种将机械能转换为电能的机械称为发电机。为了减少电能在长途传送途中的损失，必须将电能的电压提高、电流减小，这就需要把电压升高的变压器，或称高压变压器。当电能经高压输送到使用地后，为了使用方便和用电安全，又必须把高压电的电压降低。这就需要把电压降低的变压器，或称低压变压器。不论升压变压器或降压变压器都离不开磁的应用。在电能应用中，很多是应用于动力机械，这就是将电能转换为机械（动）能。将电能转换为机械动能的机械称为电动机。

柴油发电机

发电机是由磁铁系统、在磁性材料上绕有电流线圈的电枢和使电枢转动的转动机械构成的。发电机工作时，转动机械使电枢旋转，电枢上的线圈在磁铁系统产生的磁场中旋转，切割磁场的磁力线时，根据电磁感应作用原理，便会在线圈中产生感应电动势，在这电流线圈为通路时便会产生电流。这样发电机便开始发电了。

电动机的构造是同发电机的构造相似的，也是由磁铁系统、在磁性材料上绕有电流线圈的电枢和使电枢转动的转动机械构成。但电动机工作时，

是从外部电源在电枢的电流线圈中通过电流，根据电动机作用原理，电枢便会受磁场作用而转动。

变压器的构造是在磁性材料制成的磁芯上绕上两组通电流的线圈，称为绕组，其中一组是输入电流，称为输入绕组或称初级绕组；另一组是输出电流，称为输出绕组或称次级绕组。输入电压和电流通过电磁感应使变压器磁芯磁化，磁化的变压器磁芯又通过电磁感应使次级绕组产生输出电压和电流。根据电磁感应原理，输入电压与输出电压之比同输入绕组匝数与输出绕组匝数成正比，而输入电流与输出电流之比则同输入绕组匝数与输出绕组匝数成反比。

从发电机、电动机和变压器的结构和工作原理都可以看出：磁的使用都是十分重要和不可缺少的。但同时也应特别注意，磁的作用只是在发电机、电动机和变压器的能量变换和转移中起着重要的作用，它并没有产生能量。

腾空的磁悬浮列车

目前一般火车的速度只有每小时约几十千米到上百千米，在多方面采取一些改善措施后可以提高到每小时约100~200千米或稍高一些。但是由于火车速度越高，火车车轮与铁轨之间的摩擦也越大，这就限制了火车速度的进一步提高。如果能够使火车从铁轨上浮起来，消除了火车车轮与铁轨之间的摩擦，不就能很大地提高火车的速度吗？但是如何使火车从铁轨上浮起来呢？一般说来有两种可能的浮起方法。一种是气浮法，就是使火车向铁轨下的地面大量高速喷气而利用其反作用力把火车从铁轨道上浮起，但这样会激扬起大量尘土和产生很大噪声，都会对环境造成尘土和噪声污染而不能采用。另一种是磁浮法，就是利用火车与铁路轨道之间的磁作用力使火车从铁轨上浮起来，这样既不会场起尘土，也不会产生喷气噪声，因而是一种提高火车速度的好方法。

磁悬浮是利用“同性相斥，异性相吸”的原理，让磁铁具有抗拒地心引力的能力，使车体完全脱离轨道，悬浮在距离轨道约1厘米处，腾空行驶，创造了近乎“零高度”空间飞行的奇迹。

磁悬浮技术起源于德国，早在1922年德国工程师赫尔曼·肯佩尔就提出了电磁悬浮原理，并于1934年申请了磁悬浮列车的专利。1970年以后，随着世界工业化国家经济实力的不断加强，为提高交通运输能力以适应其经济发展的需要，德国、日本、美国、加拿大、法国、英国等发达国家相继开始筹划进行磁悬浮运输系统的开发。因为磁悬浮技术是集电磁学、电子技术、控制工程、信号处理、机械学、动力学为一体的典型的高新技术。随着电子技术、控制工程、信号处理元器件、电磁理论及新型电磁材料的发展和转子动力学的进步，磁悬浮技术得到了长足的发展。目前世界上有3种类型磁悬浮技术，即日本的超导电动磁悬浮、德国的常导电磁悬浮和我国的永磁悬浮。

图与文

磁悬浮列车就是在位于轨道两侧的线圈里流动的交流电，能将线圈变成电磁体，由于它与列车上的电磁体的相互作用，使列车开动。

永磁悬浮技术是我国大连拥有核心及相关技术发明专利的原始创新技术。据技术人员介绍，日本和德国的磁悬浮列车在不通电的情况下，车体与槽轨是接触在一起的，而利用永磁悬浮技术制造出的磁悬浮列车在任何情况下，车体和轨道之间都是不接触的。上海磁悬浮列车是“常导磁斥型”（简称“常导型”）磁悬浮列车。是利用“同性相斥”原理设计，是一种排斥力悬浮系统，利用安装在列车两侧转向架上的悬浮电磁铁和铺设在轨道上的磁铁，在磁场作用下产生的排斥力使车辆浮起来。

磁悬浮列车可以减少轨道摩擦阻力，消除撞击产生的震动，有利于保护零件，节约资源；列车在铁轨上方悬浮运行，铁轨与车辆不接触，不但运行速度快，能超过 500 千米 / 小时，而且运行平稳、舒适，易于实现自动控制；无噪声，不排出有害的废气，有利于环境保护；可节省建设经费；运营、维护和耗能费用低。磁悬浮列车是 21 世纪理想的超级特别快车，世界各国都十分重视发展磁悬浮列车。我国和日本、德国、英、美等国都在积极研究和发展这种车。

上海磁悬浮列车

我国永磁悬浮与国外磁悬浮相比有五大方面的优势：一是悬浮力强。二是经济性好。三是节能性强。四是安全性好。五是平衡性稳定。槽轨永磁悬浮是专为城市之间的区域交通设计的，列车在高架的槽轨上运行，设计时速 230 千米，既可客运，又可货运。

 高效的强磁选矿机

磁在工业上的应用十分广泛而实际，尤其是利用磁进行矿选方面的工作，不仅可以节约大量的劳动力，还能高效率地进行筛选工作。

磁选机可以高效率地使用于资源回收制造业，比如，木材业、矿业、窑业、化学、食品等其他工业。还能进行矿物的筛选，尤其适用于粒度 3mm 以下的窑烧制造业、化工、食品、焙烧矿、钛铁矿、磁铁矿、黄铁矿等物料的湿式磁选，也用于煤、非金属矿、建材等物料的除铁作业，是产业界使用

■图与文

在磁场的作用下，磁性矿粒发生磁聚而形成“磁团”，“磁团”在矿浆中受磁力作用，向磁极运动，从而被分离出来。

最广泛的、通用性高的机种之一。在极其繁琐的选矿生产线中，磁选机是不可或缺的设备，磁选机配合着矿机、提升机、传送机、粉碎机等才能组成完整的选矿生产线。经过洗净和分级的矿物混合料在传送到磁选机上时，由于各种矿物的磁化系数不同，经由磁力和机械力将混合料中的磁性物质会自动分离开来。

在选矿方面，较早出现的是电磁选矿机，后来，随着科技的发展，以强磁永磁铁为基础的稀土磁力辊分选机的发展，与电磁选矿机相比，提高了分选效果和处理能力，并降低了基建费用和生产成本。在减少机器所需占地面积方面，这种方法也是有利的。如果有机会我们亲眼目睹电磁高梯度磁选机的话，这种磁选机还是很神奇的。它是通过磁性线圈产生高梯度的磁化磁场，对矿物产生不同梯度的磁性吸力，进而把磁性矿物和非磁性矿物分离开来。

铁矿石是钢铁生产企业的重要原材料，天然矿石（铁矿石）经过破碎、磨碎、磁选、浮选、重选等程序逐渐选出铁矿精粉。在理论上来说，凡是含有铁元素或铁化合物的矿石都可以叫做铁矿石；但是，在工业上或者商业上来说，铁矿石和锰矿不同，铁矿石不但是要含有铁的成分，而且必须有利用的价值才行。

杀伤力强大的电磁枪

在现代战争中，磁的应用十分广泛。特别是电磁武器和磁性材料在决定战争胜负方面发挥着越来越重要的作用。电磁波在军事上的应用异常丰富。所谓电子对抗（又称电子战）便是指敌我双方利用专门的设备、器材产生和接收处于无线电波段内的电磁波，以电磁波为武器，阻碍对方的电磁波信号的发射和接收，保证自己的发射和接收。

未来的军事战争中，电磁武器将要以灭绝人寰、残酷到极限、威力足以摧毁整个宇宙的爆炸力的辐射攻击敌人了，电磁武器重则威力超过原子弹，轻则引起气象灾害，暴风雨、龙卷风、持续干旱，世界各大国都在加紧研究和开发利用。下面我们来了解电磁枪的具体情况。

电磁枪有两种，一种是利用磁力驱动子弹射出的电磁枪，另一种是不发射子弹，而是发射电磁波来攻击目标的电磁枪。

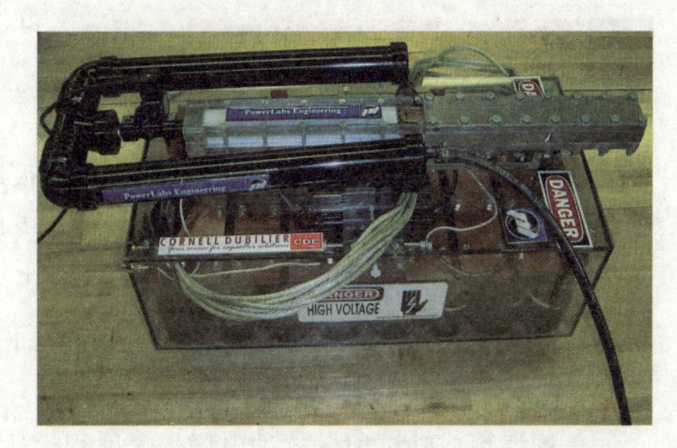

电磁枪

发射电磁波的电磁枪。电磁波对人体是有害的。据说，美国有人提出设计电磁枪，该电磁枪将会“诱发癫痫病那样的症状”。另有一种所谓的“热枪”，采用的是电磁波段中的微波。热枪能够产生使人体温升高至40.6℃ ~41.7℃的作战效果，让敌人不舒服、发热甚至死亡。1980—1983 年，一个叫埃尔登 · 伯德的美国人，从事了海军陆战队非杀伤性电磁武器的研究。他说：“我们

正在研究大脑里生物电的活动和如何影响这种活动。”他发现，通过使用频率非常低的电磁辐射，可使动物处于昏迷状态。此外，他还设计了磁场的反应实验，指出：“这些磁场是非常微弱的，但结果是非杀伤性的可逆转的。我们可以使一个人暂时伤残。”

发射子弹的电磁枪。利用磁力来驱动子弹的电磁枪有 2 种：一种是线圈式电磁枪：这种电磁枪是利用瞬时脉冲电流，枪管上的驱动线圈产生强磁场，吸引铁磁性物质向磁阻最低的方向运动，当子弹运动到线圈中点（磁阻最低）时断电，子弹依靠惯性飞出。这是目前 DIY 线圈式电磁枪最简单的原理。另一种是轨道式电磁枪：这种枪（炮）原理相对简单，但是难于制作，以两根导体作为发射架，子弹卡在发射架间作为整个电路的一部分，然后通入超大电流，使发射架产生强磁场，推动子弹运动，子弹射出后电路会自动断电。

威力强大的电磁炮

电磁炮，顾名思义不再是利用火药，而是采用电磁力来发射炮弹。在强大的电流推动下，电磁炮发射的炮弹比传统火炮速度快得多。炮弹出膛速度达到 7 ~ 8 倍的音速，射程有 400 ~ 500 千米。空气阻力会逐渐降低炮弹的速度，但到达目标时仍有 5 倍的音速。而一般的子弹和炮弹的出膛速度连 3 倍音速都不到。

美国海军成功试射的这种电磁炮，射程远达 110 海里 (200 千米)。美国海军研究部宣称：“这次试射成功，对未来将这先进武器运用于海上又往前迈进一步”。电磁炮是革命性的海战武器，炮弹可以击中 500 千米外的目标，并达到 5 米的精度，摧毁一切目标。美国人从 20 世纪 80 年代玩星球大战的时候，就开始研究这个东西了。而中国也是与此同时完成了对电磁炮的理论论证，并从那时起就开始进行实用化的研究，经过近 20 年的

努力，已经结出丰硕的成果。

2010年8月，我国军方在内蒙古炮兵靶场对超高速电炮进行了首次实验，25千克的弹丸被发射到250千米以外的预定区域，实验获得圆满成功。目前，我国设计师正在对超高速电炮进行改进，主要是加大弹丸的发射重量，以达到发射50千克级以上制导炮弹的水平。

图与文

北京时间2010年12月12日，美国研发的强力武器电磁轨道炮成功试射。这次将电磁炮以音速5倍的极速，击向200千米外目标，射程为海军常规武器的10倍，且破坏力惊人，是至今试射的最佳成果。

迄今为止，电磁武器的研制离实战要求仍有较大距离，其中最大的困难是电磁波的功率问题。由于电磁场能量随距离的增大而迅速减弱，如此能量的波束难以瞄准相应的目标，这些原因导致电磁武器的研究远远落后于声波武器和激光武器。

近年来，磁性材料在军事领域得到了广泛应用。例如，普通的水雷或者地雷只能在接触目标时爆炸，因此作用有限。而如果在水雷或地雷上安装磁性传感器，由于坦克或者军舰都是钢铁制造的，在它们接近（无须接触目标）时，传感器就可以探测到磁场的变化使水雷或地雷爆炸，可以提高杀伤力。

以光速飞行的激光武器

激光的最初的中文名叫做“镭射”，是它的英文名称LASER的音译，意思是“通过光受激发射”。1964年按照我国著名科学家钱学森建议将“光受激发射”改称“激光”。

激光作为武器，有很多独特的优点。首先，它可以用光速飞行，每秒30万千米，任何武器都没有这样高的速度。它一旦瞄准，几乎不要什么时间就立刻击中目标。另外，它可以在极小的面积上、在极短的时间里集中超过核武器100万倍的能量，还能很灵活地改变方向，没有任何放射性污染。

目前，世界上的激光武器主要分3个大类：一是致盲型。属于轻型激光武器，用于致盲敌方的飞机、舰船等。适合于装备在飞机和卫星上。二是近距离战术型。属于中型激光武器，可用来击落导弹和飞机，适应于大型舰船和地面重武器部队。三是远距离战略型。属于重型激光武器，需求的能量最大，它可以反卫星、反洲际弹道导弹，成为最先进的大威力重型防御武器，需要较庞大的地面能源设备支持。

激光武器

激光怎样击毁目标呢？科学家们认为有两个方面：一是穿孔，二是层裂。所谓穿孔，就是高功率密度的激光束使靶材表面急剧熔化，进而汽化蒸发，汽化物质向外喷射，反冲力形成冲击波，在靶材上穿一个孔。所谓层裂，就是靶材表面吸收激光能量后，原子被电离，形成等离子体“云”。“云”向外膨胀喷射形成应力波向深处传播。应力波的反射造成靶材被拉断，形成“层裂”破坏。除此以外，等离子体“云”还能辐射紫外线或X射线，破坏目标的结构和电子元件。激光武器作用的面积很小，但破坏在目标的关键部位上，可造成目标的毁灭性破坏。这和惊天动地的核武器相比，完全是两种风格。

激光武器的性价比是比较高的。在防空武器方面，当前主体是导弹，

激光武器与之相比消耗费用要便宜得多。例如，一枚“爱国者”导弹要60万~70万美元，一枚短程“毒刺”式导弹要2万美元，而激光发射一次仅需数千美元，今后随着技术的发展，激光发射一次的费用可降至数百美元。

目前，激光应用很广泛，主要有激光打标、光纤通信、激光光谱、激光测距、激光雷达、激光切割、激光武器、激光唱片、激光指示器、激光矫视、激光美容、激光扫描、激光灭蚊器等等。

人造卫星和雷达

人造地球卫星是当今科技的伟大创举之一，人造卫星在国防军事、经济生活上都具有非常重要的价值和影响力。有广播、电视、电话使用的通信卫星；有观察天气变化的气象卫星；有对地面物体进行导航定位的导航定位卫星；有地球资源探测卫星和海洋卫星等等等。

而我们经常所关注的天气预防所利用的就是气象卫星，气象卫星可以飞经地球的每个地区，能观察到全球的云图变化，这种卫星的分辨率通常为1千米，可以更加高效率地为我们的生活带来方便。所有通信卫星都运行在22 300英里（35 880千米）的轨道上，因为在那个高度上，它“每小时1.8万英里的速度绕地球一圈，所需的时间恰好等于地球自转的周期——约24小时。如果卫星与赤道成一线运动，它将与地球同步，或称相对静

人造通信卫星

止——“固定”于地球上某一点的上空。

卫星通信系统是由空间部分——通信卫星和地面部分——通信地面站构成的。在这一系统中，通信卫星实际上就是一个悬挂在空中的通信中继站。它居高临下，视野开阔，只要在它的覆盖照射区以内，不论距离远近都可以通信，通过它转发和反射电报、电视、广播和数据等无线信号。

然而，目前世界上发射的 4 000 多颗人造卫星中，大部分为军事卫星，这里面包括侦察卫星、导弹预警卫星、导航卫星等等。众所周知，美国拥有全世界最先进的高科技卫星侦察设备，在以往的军事战争中，发挥着非常重要的作用。比如，美国的高分辨率侦察卫星可以对地面目标进行电子拍照，再以电磁信号把数据发回地面接收站。这种高科技的卫星勘察技术实在令敌军不寒而栗，对于遏制和监控对方的军情设备和军事信息发挥着举足轻重的作用。

世界上第一颗人造卫星是前苏联的伴侣号。1957 年 10 月 4 日。前苏联宣布成功地把世界上第一颗绕地球运行的人造卫星送入轨道。美国官员宣称，他们不仅因前苏联首先成功地发射卫星感到震惊，而且对这颗卫星的体积之大感到惊讶。这颗卫星重 83 千克，比美国准备在第二年初发射的卫星重 8 倍。前苏联宣布说，这颗卫星的球体直径为 55 厘米，绕地球一周需 1 小时 35 分，距地面的最大高度为 900 千米，用两个频道连续发送信号。由于运行轨道和赤道成 65° 夹角，因此它每日可两次在莫斯科上空通过。前苏联对发射这颗卫星的火箭没做详细报道，不过曾提到它以每秒 8 千米的速度离开地球。他们说，这次发射开辟了星际航行的道路。

说到卫星，就不能不说雷达，因为它

图与文

雷达通过发射电磁波对目标进行照射并接收其回波，由此获得目标至电磁波发射点的距离、距离变化率（径向速度）、方位、高度等信息。

是观察卫星的。雷达所起的作用与眼睛和耳朵的作用相似，当然，它不再是大自然的杰作，同时，它的信息载体是无线电波。事实上，不论是可见光或是无线电波，在本质上是同一种东西，都是电磁波，传播的速度都是光速，差别在于它们各自占据的频率和波长不同。

1935年，英国著名的物理学家、国家物理研究所无线电研究室主任沃特森·瓦特发明了世界上第一台实用型的军事雷达。这种既能发射无线电波、又能接收反射回波的装置，它能在很远的距离就探测到飞机的踪影。

图与文

空中指挥预警飞机，是为了克服雷达受到地球曲度限制的低高度目标搜索距离，同时减轻地形的干扰，将整套远程警戒雷达系统放置在飞机上，用于搜索、监视空中或海上目标，指挥并可引导己方飞机执行作战任务的飞机。大多数预警机有一个显著的特征，就是机背上背有一个大“蘑菇”，那是预警雷达的天线罩。

其实，雷达就相当于神话中的千里眼和顺风耳。雷达的工作原理是雷达设备的发射机通过天线把电磁波能量射向空间某一方向，处在此方向上的物体反射碰到的电磁波；雷达天线接收此反射波，送至接收设备进行处理，提取有关该物体的某些信息。测量距离实际是测量发射脉冲与回波脉冲之间的时间差，因电磁波以光速传播，据此就能换算成目标的精确距离。测量目标方位是利用天线的尖锐方位波束测量。测量仰角靠窄的仰角波束测量。根据仰角和距离就能计算出目标高度。

雷达的优点是白天黑夜均能探测远距离的目标，且不受雾、云和雨的阻挡，具有全天候、全天时的特点，并有一定的穿透能力。因此，它不仅成为军事上必不可少的电子装备，而且广泛应用于社会经济发展（如气象预报、资源探测、环境检测等）和科学研究（天体研究、大气物理、电离层结构研究等）。雷达的探测精度非常高，以地面为目标的雷达可以探测地面的精确形状。其空间分辨力可达几米到几十米，且与距离无关。雷达在洪水监测、海冰监测、土壤湿度调查、森林资源清查、地质调查等方面显示了很好的应用潜力。

走在科技前沿的磁法勘探

随着科技的飞速发展，磁法勘探是当前世界油气资源前期勘探行之有效的技术手段之一。及时获取磁力勘探数据的日变改正资料，对于提高磁法勘探的精度至关重要。随着我国油气勘探工作走向深海区，获取高精度的磁日变改正资料成为制约磁法勘探走向深海的关键技术问题。

海洋测量船

我国“海洋四号”调查船在执行海洋区调项目中，将其投放到了水深超过2 000米水深海底并成功回收，获得了26天完整的海底地磁日变观测数据。此次自研设备获得的数据，可为中国调查船同期在该海域开展综合地球物理调查提供了宝贵的地磁日变改正资料。

海洋磁测是指：用安装在船舶上的磁力仪进行磁测。海洋磁测将探头拖在船后并采用无线电导航。海洋磁测还需进行方位测量、电缆长度试验测量和探头沉放深度试验等。方位测量用以进行船体影响改正。

海洋航空测量采用的是遥感技术，是从通过空中收集地面目标的电磁辐射信息来判认地（水）面、地（水）下地球环境和资源的技术。任何物体都有不同的电磁波反射或辐射特征。航空航天遥感就是利用安装在飞行

器上的遥感器感测地物目标的电磁辐射特征，并将特征记录下来，供识别和判断。把遥感器放在飞机上进行遥感，称为航空遥感。把遥感器装在航天器上进行遥感，称为航天遥感。完成遥感任务的整套仪器设备称为遥感系统。

航空和航天遥感能从不同高度、大范围、快速和多谱段地进行感测，获取大量信息。航天遥感还能周期性地得到实时地物信息。因此航空和航天遥感技术在国民经济和军事的很多方面获得广泛的应用。例如应用于气象观测、资源考察、地图测绘和军事侦察等。

航空磁测的优点是：用安装在飞机上的磁力仪进行磁测。具有快速、不受地面或海面条件的限制。由于飞机距地面一定高度飞行，减弱了地表磁性不均匀影响，更有利于磁力仪记录深部区域地质构造的磁场。航磁工作中，一般采用无线电导航仪同步照相定位。为消除飞行本身的磁干扰，还需采用特殊的磁补偿技术。

微波杀菌的原理

电磁技术在医学上有着广泛的用途，医学通过研制医学专用设备对人体进行探测，以协助医生诊断疾病和治疗疾病。

微波是指频率为300MHz至300GHz的电磁波，是无线电波中一个有限频带的简称，即波长在1米（不含1米）到1毫米之间的电磁波，是分米波、厘米波、毫米波

图与文

医用微波杀菌设备，利用微波对细菌的热效应使蛋白质变化，使细菌失去营养、繁殖和生存的条件而死亡。

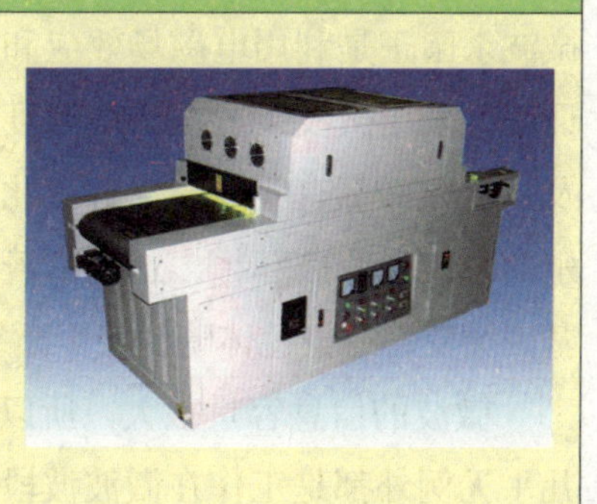

和亚毫米波的统称。微波频率比一般的无线电波频率高，通常也称为“超高频电磁波”。微波作为一种电磁波也具有波粒二象性。微波的基本性质通常呈现为穿透、反射、吸收3个特性。

对于玻璃、塑料和瓷器，微波几乎是穿越而不被吸收。对于水和食物等就会吸收微波而使自身发热。而对金属类东西，则会反射微波。微波是频率从300MHz~300GHz的电磁波。微波与物料直接相互作用，将超高频电磁波转化为热能的过程。

图与文

利用微波提高萃取率是一种最新发展起来的新技术。它的原理是在微波场中，吸收微波能力的差异使得基体物质的某些区域或萃取体系中的某些组分被选择性加热，从而使得被萃取物质从基体或体系中分离，进入到介电常数较小、微波吸收能力相对差的萃取剂中。微波萃取具有设备简单、适用范围广、萃取效率高、重现性好、节省时间、节省试剂、污染小等特点。目前除主要用于环境样品预处理外，还用于生化、食品、工业分析和天然产物提取等领域。

微波杀菌是利用了电磁场的热效应和生物效应的共同作用的结果。微波对细菌的生物效应是微波电场改变细胞膜断面的电位分布，影响细胞膜周围电子和离子浓度，从而改变细胞膜的通透性能，细菌因此营养不良，不能正常新陈代谢，细胞结构功能紊乱，生长发育受到抑制而死亡。微波杀菌正是利用电磁场效应和生物效应起到对微生物的杀灭作用。实践证明，采用微波装置在杀菌温度、杀菌时间、产品品质保持、产品保质期及节能方面都有明显的优势。此外，微波能使细菌正常生长和稳定遗传繁殖的系统彻底破坏掉，这是由若干氢键松弛、断裂和重组，从而诱发遗传基因突变，或染色体畸变甚至断裂。

微波的信息容量很大，所以现代多路通信系统，包括卫星通信系统，几乎无例外都是工作在微波波段。另外，微波信号还可以提供相位信息、

极化信息和多普勒频率信息。这在目标检测和遥感目标特征分析等应用中十分重要。科学家们已经验证研究出来一种高新技术，就是利用微波来提高萃取率，目前在天然产物、生产、加工、科研和医疗等方面已经得到了广泛的应用。

红外线的医疗技术

电磁波（又称电磁辐射）是由同相振荡且互相垂直的电场与磁场在空间中以波的形式移动，其传播方向垂直于电场与磁场构成的平面，有效地传递能量和动量。电磁辐射可以按照频率分类，从低频率到高频率，包括无线电波、微波、红外线、可见光、紫外光、X 射线和伽马射线等等。

在光谱中波长自 0.76 至 400 微米的一段电磁波称为红外线，红外线是不可见光线。所有高于绝对零度（–273.15℃）的物质都可以产生红外线。现代物理学称之为热射线。医用红外线可分为两类：近红外线与远红外线。

我们都知道现在医院里有一种利用红外线进行治疗的仪器，叫红外线治疗仪。那么红外线是如何进行治疗的呢？

红外线波长是比较长的，给人的感觉是稍微热热的感觉，产生的效应是热效应。红外线只能穿透到原子分子的间隙中，而不能穿透

红外线治疗仪

到原子、分子的内部，由于红外线只能穿透到原子、分子的间隙，会使原子、分子的振动加快、间距拉大，即增加热运动能量。从宏观上看，物质在融化、在沸腾、在汽化，但物质的本质（原子、分子本身）并没有发生改变，这就是红外线的热效应。由此可见，红外线和微波的热效应是有着一定区别的。因此我们可以利用红外线的这种激发机制来烧烤食物，使有机高分子发生变性，但不能利用红外线产生光电效应，更不能使原子核内部发生改变。红外线照射体表后，一部分被反射，另一部分被皮肤吸收。皮肤对红外线的反射程度与色素沉着的状况有关，能作用到皮肤的表层组织。

短波红外线以及红色光的近红外线部分透入组织最深，穿透深度可达10毫米，能直接作用到皮肤的血管、淋巴管、神经末梢及其他皮下组织，从而对病灶部位起到治疗作用。

生物磁疗的运用

我国古时候就有用磁石来治疗眼病和耳聋的记载。现行的中国药典里就收有多种以磁石为主要成分的治疗方。在西方医学史上，磁石也很早入药，古希腊医生用它来做泻药，治疗足痛和痉挛。20世纪以来，医学上对磁现象的应用已发展到诊断、理疗、康复保健等许多方面。

西方出现了磁椅、磁床、磁帽、磁带等保健器械。20世纪50年代末中国市场上也出现了治疗高血压和神经衰弱用的磁性手镯。1956年日本人发明了用磁带来治疗高血压和肩周炎。近年来美国药物专家试制磁性药丸来攻击肿瘤，引起人们的关注。现代的磁性药物，是将抗癌药与药性粉末混合，外面由聚氨基酸包膜制成微粒。药物注入人体后，在外磁场的“引导”下，使它停留在癌肿部位的毛细血管里，病人或医生可以用体外的手表式磁场发射器来控制药物的释放，这样既能有效地杀灭癌细胞，又可以减少其他的副作用。

生物磁对人体免疫功能有着深刻的影响，与人的健康有密切关系，免疫功能低下的人，由于抵抗力低、容易患病。依据磁场对免疫功能的影响，国内外专家从不同角度用不同方法进行了研究与观察，结果是大多数的实验研究与临床观察表明，磁场可以提高机体免疫力；低磁场使中枢神经系统的兴奋性增高，强磁场使中枢神经系统兴奋性减低，可以利用这些来改善病人的中枢神经；在磁场作用下人体的痛明显减轻，磁场具有镇痛作用，在一定范围内磁场强度越强，镇痛效果越明显。

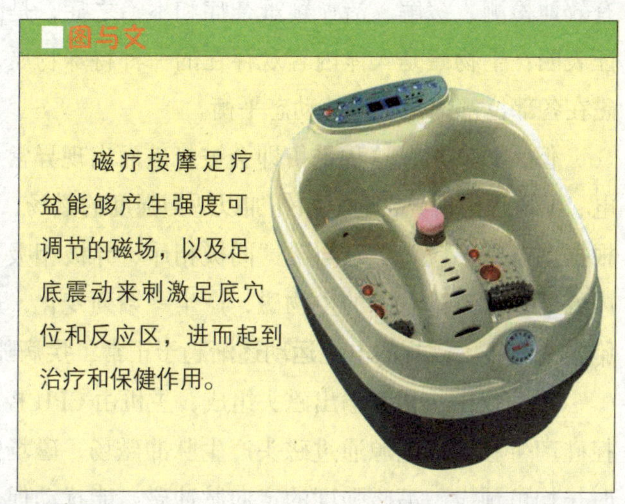

图与文

磁疗按摩足疗盆能够产生强度可调节的磁场，以及足底震动来刺激足底穴位和反应区，进而起到治疗和保健作用。

生物磁可以使皮肤的温度升高。主要由于血管在磁场作用下扩张、血液循环加快所致；生物磁还可以使皮肤电阻下降；生物磁具有降血脂作用已被许多实验和临床观察证实。血脂中的胆固醇对人体健康有着密切关系，高胆固醇血症常引起动脉硬化，危害人体健康。

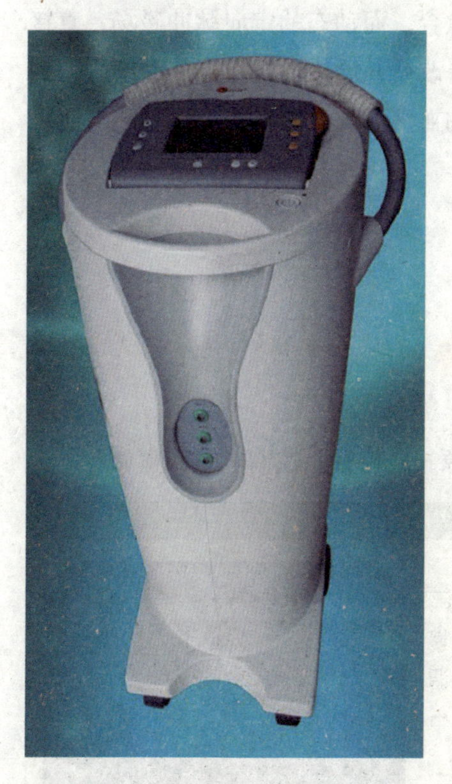

磁疗仪

其实，生物磁之所以能这么神秘

有效地检测、缓解、治疗疑难杂症和不治之症，是因为科学研究、实验论证表明：生物磁是人体内客观存在的一种特殊物质，正常人体内生物电、磁在各部位都保持一定的动态平衡。

但人致病后，这种平衡即会被打破而出现异常。因此，当人体内生物电、生物磁出现异常时，如外加以适当强度的磁场，作用于人体适当部位，根据“电磁感应”及磁与磁“同极相斥、异极相吸”的原理，也会使人体内处于异常紊乱状态的生物磁，产生一系列变化，这种变化就会使人体细胞内一些违反常规的电磁运动逐渐趋于正常，疾病随之而有所好转。

磁疗仪由主机和输出磁头组成，主机由 CPU 控制，通过大功率单向可控硅产生脉冲，电源通过磁头产生脉冲磁场，磁场强度、脉冲频率和治疗时长均可预设。高磁强度的定向脉冲磁，能扰动促进患者肌体深部的血液循环，促进炎症吸收，加快伤口组织愈合，而动态的定向脉冲磁场，直接作用于人体血液中血红蛋白内的铁质，改变其磁极性分布，使血细胞得到相对的磁化，进而也改善促进了体内的血液循环，磁场作为磁物质对肌体作用，则更深入，更均匀，也更安全。

微波炉和电磁炉

微波是一种电磁波。微波炉由电源、磁控管、控制电路和烹调腔等部分组成。电源向磁控管提供大约 4 000 伏高压，磁控管在电源激励下，连续产生微波，再经过波导系统，耦合到烹调腔内。

图与文

微波炉是一种用微波加热食品的现代化烹调灶具，在家庭中被广泛使用。

在烹调腔的进口

处附近，有一个可旋转的搅拌器，因为搅拌器是风扇状的金属，旋转起来以后对微波具有各个方向的反射，所以能够把微波能量均匀地分布在烹调腔内。微波炉的功率范围一般为 500 ~ 1 000 瓦。从而加热食物。微波加热的原理简单说来是：当微波辐射到食品上时，食品中总是含有一定量的水分，而水是由极性分子（分子的正负电荷中心，即使在外电场不存在时也是不重合的）组成的，这种极性分子的取向将随微波场而变动。由于食品中水的极性分子的这种运动，以及相邻分子间的相互作用，产生了类似摩擦的现象，使水温升高，因此，食品的温度也就上升了。用微波加热的食品，因其内部也同时被加热，使整个物体受热均匀，升温速度也快。

1947 年，美国雷声公司推出了第一台家用微波炉。可是这种微波炉成本太高，寿命太短，从而影响了微波炉的推广。1965 年，乔治·福斯特对微波炉进行大胆改造，与斯本塞一起设计了一种耐用和价格低廉的微波炉。

图与文

电磁炉能够在见不到火的情况下称霸厨房，以其高效率、很安全、超环保的优势赢得了消费者的信赖。

1967 年，微波炉新闻发布会兼展销会在芝加哥举行，获得了巨大成功。从此，微波炉逐渐走入了千家万户。由于用微波烹饪食物又快又方便，不仅味美，而且有特色，因此有人诙谐地称之为“妇女的解放者”。

电磁炉又名电磁灶，也是现代厨房革命的产物，它无需明火或传导式加热而让热直接在锅底产生，因此热效率得到了极大的提高。是一种高效节能橱具，完全区别于传统所有的有火或无火传导加热厨具。

电磁炉是利用电磁感应加热原理制成的电气烹饪器具。由高频感应加热线圈（即励磁线圈）、高频电力转换装置、控制器及铁磁材料锅底炊具等部分组成。使用时，加热线圈中通入交变电流，线圈周围便产生一交变磁场，交变磁场的磁力线大部分通过金属锅体，在锅底中产生大量涡流，从而产生烹饪所需的热。在加热过程中没有明火，因此安全、卫生。

电磁炉工作的时候所产生的感应的电流越大则所产生的热量就越高，煮熟食物所需的时间就越短。因而，按照原理来说，当电磁炉工作时，其上面基本上不会有高温现象的，但是，也有些电磁炉会产生局部高温，总之，在使用的时候一定要注意安全。

简捷的手表防磁方法

手表的制作及生产都基于一个简单而机智的发明，这就是“弹簧”，它能够收紧并储存能量，又能慢慢地把能量释放出来，以推动手表内的运行装置及指针，达到显示时间的功能，手表内的这种弹簧装置被称为主弹簧。

机械手表的机芯大部分用的是钢或铁材料，是否容易被外界磁性源给磁化而走时不准了呢？有人做过这么一个实验，如果把机械手表放在磁铁附近，钢制机芯就会被磁化，特别是当游丝磁化后，手表马上就会停止不走。因此，手表需要外罩一种能防御磁力、使磁场透不过的物质。

手 表

这时，我们会想了，那能有什么特殊的物质能够不被磁场穿透呢？玻璃、塑料、木头什么都可以被磁场轻易地穿透。最有趣的现象发生了，其实，最简单的往往被误认为是最难的，能够遮住外磁场的物质，原来就是容易被磁化的铁。

我们可以做一个小实验来验证，把一个指南针放在一个铁环里，可以看到小磁针就不会随着环外的磁铁晃动了。所以，一块手表的外壳是用铁

或者钢做的，就可以保护表内的钢制机件不受外部磁场影响。即使将表放在强磁场附近，它的精确度一点也不会降低。至于那些用金或银做外壳的金表和银表，虽然很贵重，但是不能放到磁铁附近，因为它不能防磁。

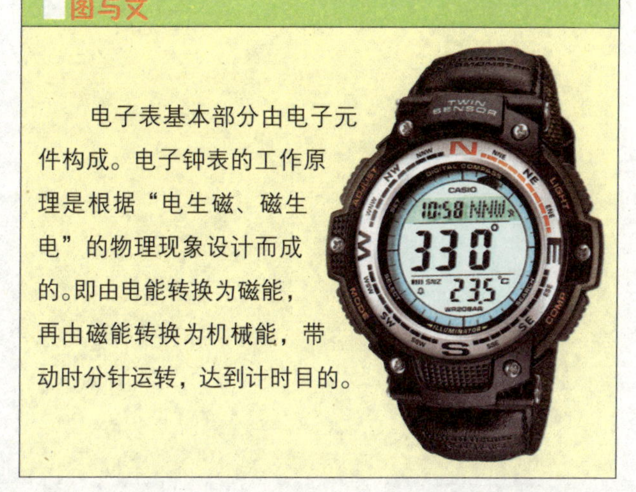

图与文

电子表基本部分由电子元件构成。电子钟表的工作原理是根据“电生磁、磁生电”的物理现象设计而成的。即由电能转换为磁能，再由磁能转换为机械能，带动时分针运转，达到计时目的。

因而，用铁作为外壳就能把外面的磁场遮住，使内部不受外磁场的影响，放在其中的铁制品也就不会被磁化，这种奇妙的现象在物理学中称为磁屏蔽。但是，对于高频交变磁场情况就迥然不同了，铜和铝等导电性能良好的金属反而是理想的磁屏蔽材料。铜罩之所以能够屏蔽高频交变磁场，其原因在于高频交变磁场能在铜罩上引起很大的涡流，由于涡流的去磁作用，铜罩处的磁场大大减弱，以致罩内的高频交变磁场不能穿出罩外。

同样道理，罩外的高频交变磁场也不能穿入罩内，从而达到磁屏蔽的目的。通常金属的电阻率越小，引起的涡流越大，用这种金属做成的屏蔽罩屏蔽效果越好。

第七章 磁学家的故事

磁学家用他们聪明的智慧，为人类社会的发展作出了巨大的贡献。他们为了捍卫真理、传播科学，献身于他们挚爱的科学研究。他们的发明创造故事足以让我们感动，本章搜集整理了在磁学方面有杰出贡献的科学家的故事，它将带我们走进科学世界，了解科学家在求知的道路上不懈追求、勇于探索的精神，以及他们崇高的人格魅力。

深爱实验的奥斯特

汉斯·奥斯特生于丹麦朗格兰岛上的一个小镇。他的父亲索伦·奥斯特是一位药剂师，在小镇里开了一个药局。由于小镇里没有正式学校，汉斯和弟弟安德斯·奥斯特只能跟着镇上教育水平较高的长辈学习各种各样的知识。汉斯常常帮助父亲在药局里工作，因此学会了一点基础化学。虽然如此，他们兄弟俩都以优等的成绩通过哥本哈根大学的入学考试。安德斯想要从事律师行业，而汉斯则对哲学和物理具有浓厚的兴趣。1799 年，也就是奥斯特 22 岁，他得到了博士学位。

毕业后，奥斯特成为大学讲师。另外，他还在一位医学院教授的药局做配药师。1801 年，奥斯特得到一笔为期 3 年的游学奖学金，可以出国游学。他在德国遇到了约翰·芮特，一位优秀的物理学家。两人成为莫逆之友。芮特深信在电场与磁场之间，隐藏着一种物理关系。奥斯特觉得这点子蛮有意思。他开始朝这学术方向学习发展。奥斯特有教书的天分，他的讲课广受大众欢迎。于 1806 年，他应聘哥本哈根大学教授。他的研究领域是电学和声学。在他的努力指导与推行之下，哥本哈根大学发展出一套完整的物理和化学课程，并且建立了一系列崭新的实验室。

奥斯特喜欢实验课

1820年的4月，丹麦哥本哈根大学里，奥斯特教授正在上一课实验课，他说：“让我们把导线和磁针平行放置试试看。”他把导线和磁针都沿着磁子午线方向放好，当通上电源的时候，只见小磁针大幅度晃动。尽管学生们无动于衷，奥斯特却是激动万分、手舞足蹈。这是一个历史性的时刻，电流磁效应终于面世了。

奥斯特是一位热情洋溢重视科研和实验的教授，他说：“我不喜欢那种没有实验的枯燥的讲课，所有的科学研究都是从实验开始的”。因此深受学生的欢迎。他还是卓越的讲演家和自然科学普及工作者，1824年倡议成立丹麦科学促进协会，创建了丹麦第一个物理实验室。1908年丹麦自然科学促进协会建立“奥斯特奖章”，以表彰做出重大贡献的物理学家。

著名的奥斯特实验，也就是能证明通电导线周围存在着磁场的实验。在直导线附近放置一枚小磁针，那么，当导线通有电流的时候，磁针会发生偏转的现象。

这个实验是直导线，那么如果我们换成是螺旋管状的线管呢？结果附近还会产生磁场吗？结果是：通电以后，螺线管的每一匝都会产生磁场，因而互为邻居的两匝之间的方向相反，所以它们之间的磁场会相互抵消。螺线管外部的磁场和磁铁是一样的，而螺线管内部形成了闭合的磁力线。神奇的事情无所不在，电可以生磁，而与此同时，磁也可以生电，这深藏其中的奥秘又是什么呢？通过做实验，我们可以得出这样的结论：倘若一条直的金属导线通过电流，那么导线周围的空间会产生磁场，并且电流越大，磁场的效力就越明显。

奥斯特发现的电流磁效应，是科学史上的重大发现，它立即引起了那些懂得它的重要性和价值的人们的注意。从此他举世闻名，得到很多奖章与荣誉。为了提升丹麦的科技水平，于1851年，他创建了丹麦技术大学，并且任职为校长，一直到他辞世。

奥斯特的功绩受到了学术界的公认，为了纪念他，国际上从1934年起命名磁场强度的单位为奥斯特，简称“奥”。1937年美国物理教师协会设立“奥斯特奖章”，奖励在电磁学领域做出突出贡献的科学家。

奥斯特一家在法律界和政治界都出人头地，成就非凡。他的妹妹，芭芭拉的先生后来成为挪威最高法院从 1814 年至 1827 年的首席大法官。弟弟安德斯成为在 1853 年与 1854 年期间的丹麦总理。

发现电磁感应的法拉第

迈克尔·法拉第，生于 1791 年，出生在英国纽因顿的一个贫苦铁匠家庭，幼年十分贫苦寒酸，受尽折磨和打击，但是，他从来不言放弃和气馁，一路上凭借着永不熄灭的执著精神和坚强的意念成功地铸造了后来的辉煌成就。

童年时期的法拉第生活非常窘迫困苦，仅仅上过几年小学，13 岁在书店当学徒，送报、装订、参加哲学学习活动，但他从没有放弃对梦想的追求和努力。

磁生电是英国著名科学家法拉第发现的。法拉第的一生在科学方面有许多卓越的成就，然而他对人类最大的贡献莫过于发现电磁感应及其规律了。法拉第是一位最杰出的实验天才，在自己实验室基础上设计了一套装置，将铜盘在巨大的永久磁场中不停地旋转，把盘子的轴心和边缘接上导线，就能引出电流，因而成功地制造了世界上、人类历史上的第一台发电机。后来，经过不断完善的实验，又引出磁力线的概念。其中奥秘

图与文

迈克尔·法拉第，英国著名的物理学家，电磁感应的发现者。法拉第的电磁屏蔽原理告诉我们：在汽车中的人是不会被雷击中的，当电梯门关上的时候，里面不能收到电子讯号。

就是当闭合电路的一部分导体做切割磁感线运动时，在导体上所产生的电流的这种奇妙现象就叫做电磁感应现象，所产生的电流叫做感应电流。

而作为电磁场理论奠基者的法拉第又是如何发现并实验证明的呢？在1821年，法拉第用实验首先发现通电导线能够绕着磁铁旋转，实现了人类历史上首次将电磁运动向机械运动的转换，同时也是今天电动机的雏形。而后经历了数以万计的失败，呕心沥血，在1831年的一天，法拉第把磁铁插入或者抽出闭合的导线回路时，奇迹般地会出现电流，并且总结出举世闻名的法拉第电磁感应定律。他在以后经过无数次的实验总结之后，概括出了可以产生感应电流的5种类型：变化的电流、变化的磁场、运动的恒定电流、运动的磁铁、在磁场中运动的导体。这些实验孕育着以后的发电机、电动机、变压器，预示着人类即将步入电气时代。

法拉第的电磁“笼子”

和人类性命攸关的“法拉第笼”是如何进行雷电屏蔽的呢？飞机能闯入雷电禁区而平安飞行，又是为什么呢？当有几十万伏特的高压雷电击向笼子的时候，在笼子里的人却安然无恙。这是由于金属网的屏蔽作用使笼内的电场强度为零。高压电线上的电力工作者用铜丝网做的“等电位服”穿在身上，创造了超高压自由带电作业的神话奇迹。

法拉第是电磁学的伟大奠基人，他发明的法拉第笼，可以不用担心被雷劈到。法拉第笼是一个由金属或者良导体形成的笼子。是以电磁学的奠基人、英国物理学家迈克尔·法拉第的姓氏命名的一种用于演示等电势、静电屏蔽和高压带电作业原理的设备。它是由笼体、高压电源、电压显示器和控制部分组成。其笼体与大地连通，高压电源通过限流电阻将10万伏直流高压输送给放电杆，当放电杆尖端距笼体10厘米时，出现放电火花，根据接地导体静电平衡的条件，笼体是一个等位体，内部电势为零，电场为零，电荷分布在接近放电杆的外表面上。

法拉第终生致力于科学事业，勤奋踏实、孜孜不倦地工作和实验，不图虚荣。即使他获得过很多荣誉奖章，但是他深藏不漏，还说："我从来没有为追求这些荣誉而工作。"科学家麦克斯韦评价他为："法拉第是科学家中最有成效、最时尚、最谦逊、最高尚的典型。"

法拉第之所以能够取得这一卓越成就，是同他关于各种自然力的统一和转化的思想密切相关的。正是这种对于自然界各种现象普遍联系的坚强信念，支持着法拉第始终不渝地为从实验上证实磁向电的转化而探索不已。

捕捉"雷电"的人

凡是一提到电，我们不由自主地会联想到一位能"抓住"雷电、捕捉"天火"的天文科学家——本杰明·富兰克林。富兰克林，1706年出生在北美洲，8岁入学读书，虽然学习成绩优异，但由于他家中孩子太多，父亲的收入无法负担他读书的费用。所以，他很早就不得已离开了学校，回家帮父亲做蜡烛生意。

富兰克林一生只在学校读了这两年书。同时，利用工作之便，他结识了几家书店的学徒，将书店的书在晚间偷偷地借来，通宵达旦地阅读，第二天清晨便归还。他阅读的范围很广，从技术、天文地理、人文科技、奇闻轶事等方面的通俗读物到著名科学家的论文以及作品都是他阅读的范围。为了对电进行深入、透彻的研究，他的闻名世界的"费城风筝实验"真正揭开了这一谜题。富兰克林对静电的贡献是不可磨灭的，最先提出了避雷针的设想，打破了数千年人类对自然界的恐惧和迷信。

1746年，一位英国学者在波士顿利用莱顿瓶和玻璃管表演了电学实验。富兰克林怀着极大的兴趣观看了他的表演，并被电学这一刚刚萌芽的科学强烈地吸引住了。从此，富兰克林夜以继日地在家里做了大量实验，研究了两种电荷的性能，说明了电的来源和在物质中存在的现象。在18世纪以前，人们还不能正确地认识雷电。很多学者、教授甚至科学家会认为雷电是“气体爆炸”的观点。在一次试验中，富兰克林的妻子丽德不小心碰碎了莱顿瓶，一团电火闪过，丽德被击中倒地，面色惨白，表情呆滞，很长一段时间才恢复过来。这虽然是试验中的一起意外事件，但思维敏捷的富兰克林却由此而想到了空中的雷电。他经过反复思考，断定雷电也是一种放电现象，它和在实验室产生的电在本质上是一样的。于是，他写了一篇名叫《论天空闪电和我们的电气相同》的论文，并送给皇家委员会。但富兰克林的伟大设想竟遭到了许多人的冷嘲热讽，有人甚至嗤笑他是“想把上帝和雷电分家的狂人”。

图与文

富兰克林，一位从科学到哲学、到艺术、到政治、到实业，是个全能型的天才级伟人。他的成功秘诀是勤奋、惜时，不浪费生命的一分一秒。他说：“你热爱生命吗？那么别浪费时间，因为时间是组成生命的材料。”

终于，1752年7月的一天，阴云密布，狂风骤起，电闪雷鸣，富兰克林预料到一场暴风雨就要来临了。富兰克林带着上面装有一个金属杆的风筝来到一个空旷、高耸的地带，等到富兰克林将风筝顺利展翅高飞的时候，刹那间，雷电交加，大雨倾盆，富兰克林焦急的期待着，此时，刚好一道闪电从风筝上掠过，富兰克林用手靠近风筝上的铁丝，立即掠过一种非常恐怖的麻木感，这种令人恐惧的力量表明闪电云层里蕴含着巨大的能量。他万分激动，随后他又将风筝线上的电引入莱顿瓶中。回到家里以后，富

风筝雷电实验

兰克林用雷电进行了各种电学实验，证明了天上的雷电与人工摩擦产生的电具有完全相同的性质。

富兰克林安全而又成功地表演了闻名全球的“风筝实验”之后，1753年，俄国著名电学家利赫曼为了验证富兰克林的实验，不幸被雷电击死，这是做电实验的第一个牺牲者。其实，雷雨时，天空中出现电闪雷鸣，是一种大规模的放电现象。天空中的云，是由许许多多小水滴、小冰晶组成的，叫做云滴。由于气流运动十分的激烈，云滴之间相互碰撞，这样就摩擦出了不同负荷的电，积累到一定程度后，就会出现雷电。然而，倘若在地面上存有较高的建筑物的话，便会招来“落地雷”，因为这种放电现象发生在云和地之间。

风筝实验的成功使富兰克林在全世界科学界的名声大振。英国皇家学会给他送来了金质奖章，聘请他担任皇家学会的会员，他的科学著作也被译成了多种语言。他的电学研究取得了初步的胜利。他是第一个科学地用正、负电概念表示电荷性质的科学家，热衷于对磁和电的研究实验，并且为人类的文明进步奠定了坚实的基础。

富兰克林是美国最伟大的科学家和发明家，世界著名的政治家、外交家、音乐家、美术家、天文学家、哲学家、文学家、航海家、作家、军事家、谋略家、数学家、电学家、出版家和实业家。

统一“电磁光”的麦克斯韦

詹姆斯·克拉克·麦克斯韦，是英国物理学家、数学家。科学史上，称牛顿把天上和地上的运动规律统一起来，是实现第一次大综合；麦克斯韦把电、磁、光统一起来，是实现第二次大综合，因此可看作与牛顿齐名。1873年他出版的《论电和磁》，也被尊为继牛顿《自然哲学的数学原理》之后的一部最重要的物理学经典。没有电磁学就没有现代电工学，也就不可能有现代文明。

麦克斯韦是举世闻名的物理学家，经典电磁理论的创始人。1831年出生在苏格兰爱丁堡。麦克斯韦是英国北部苏格兰领主的公子，家境富裕，条件优越，并且他聪颖好学，从小就对电和磁产生了浓厚的兴趣。

麦克斯韦的智力发育格外早，对电磁的天赋也极其的高。他的数学才能尤其引人注目，从剑桥大学毕业的时候获得了数学领域的最高荣誉——史密斯奖，正是他出众的数学能力为后来在理论上总结法拉第的磁场线与电场线奠定了坚实的基础。他思路开阔，特别能干，无论是做家务事还是在学校学习，他的成绩都是无与伦比的。而且，他的课外知识相当丰富。

年仅14岁的时候，麦克斯韦写出了论述卵性图形绘图法的论文，并且在爱丁

图与文

麦克斯韦说：“变化的磁场可以激发涡旋电场，变化的电场可以激发涡旋磁场；电场和磁场相互激发组成一个统一的电磁场。”

堡皇家学会进行了宣读；年仅 15 岁时，就向爱丁堡皇家学院递交了一份有关电磁理论的科研论文，在当时的科学界引起了不小的争论和热潮。他在英国剑桥大学毕业，由于对电磁有着巨大的贡献，留在剑桥大学担任教授。

麦克斯韦用实验的头脑观察着世间的一切，总是在不断完善中一步步地向前进，尽管实验失败过无数次，可他凭借坚强的意志和惊人的毅力，终于进一步发现了电和磁的关系。当麦克斯韦利用涡线与涡流的模型来分析电流周围的磁场时，首次大胆预言了电磁波的存在，并且进一步提出光也是一种电磁波。尤其是他建立的电磁场理论，将电学、磁学、光学统一起来，是 19 世纪物理学发展的最光辉的成果，是科学史上最伟大的成就之一。

麦克斯韦的《电磁学通论》是一部经典的电磁理论著作，是麦克斯韦呕心沥血的毕生之作，是科学历史上的里程碑。在这本大部头的著作中，麦克斯韦系统地总结了人类在 19 世纪中叶前后对电磁现象的探索研究轨迹，其中包括库仑、安培、奥斯特、法拉第等人的不可磨灭的功绩，更为细致、系统、详尽地概括了他本人的创造性努力的结果和成就，从而建立起完整的电磁学理论。这部巨著的历史意义不可小视，有着极其非凡的承前启后的跨时代意义。可与牛顿的《数学原理》、达尔文的《物种起源》相提并论。从安培、奥斯特，经法拉第、汤姆逊最后到麦克斯韦，通过几代人的不懈努力，电磁理论的宏伟大厦，终于建立起来。

电磁波之父赫兹

海因里希·鲁道夫·赫兹出生在德国汉堡一个改信基督教的犹太家庭。父亲是汉堡城的一名顾问，母亲是一位医生的女儿。在赫兹去柏林大学就读之前就已经展现出良好的科学和语言天赋，喜欢学习阿拉伯语和梵文。他曾经在德国德累斯顿、慕尼黑和柏林等地学习科学和工程学。他是古斯

塔夫·基尔霍夫和赫尔曼·范·亥姆霍兹的学生。

1880年赫兹获得博士学位，但继续跟随亥姆霍兹学习，直到1883年他收到来自基尔大学出任理论物理学讲师的邀请。1885年他获得卡尔斯鲁厄大学正教授资格，并在那里发现电磁波。赫兹在柏林大学随亥姆霍兹学物理时，受其鼓励研究麦克斯韦电磁理论，当时德国物理界深信韦伯的电力与磁力可瞬时传送的理论。因此赫兹就决定以实验来证实韦伯与麦克斯韦理论谁的正确。

赫兹一直对科学和工程学有着浓厚的兴趣。赫兹从小就养成了动手的好习惯。上学后，家里还让他拜师学木工，学车工，锯、刨、斧、凿他样样都拿得起。1886年，赫兹经过反复实验，发明了一种电波环，用这种电波环做了一系列的实验，终于在1888年发现了人们怀疑和期待已久的电磁波。赫兹的实验公布后，轰动了全世界的科学界。

图与文

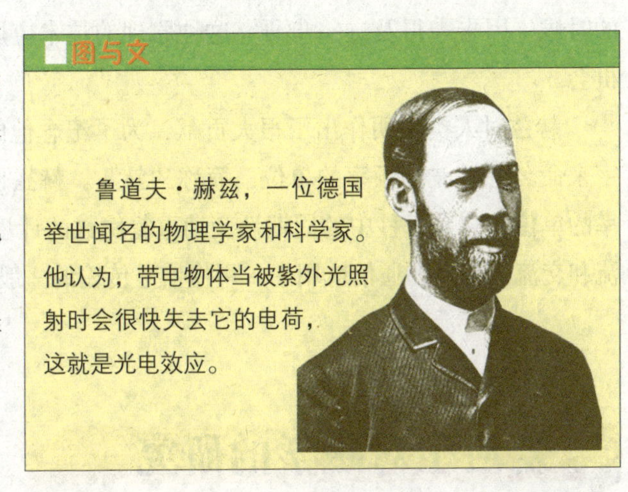

鲁道夫·赫兹，一位德国举世闻名的物理学家和科学家。他认为，带电物体当被紫外光照射时会很快失去它的电荷，这就是光电效应。

赫兹究竟是怎么发现电磁波的光电效应的呢？赫兹设计了一套电磁波发生器，赫兹在实验室将一感应线圈的两端接于产生器二铜棒上。当感应线圈的电流突然中断时，就能感应到高电压使电火花隙之间产生火花。瞬间后，电荷便经由电火花隙在锌板间振荡，频率高达数百万周。由麦克斯韦理论得出，此火花应产生电磁波，于是赫兹设计了一个简单的检波器来探测此电磁波。他将一小段导线弯成圆形，线的两端点间留有小电火花隙。因电磁波应在此小线圈上产生感应电压，而使电火花隙产生火花。所以他坐在一暗室内，检波器距振荡器10米远，结果他发现检波器的电火花隙间确有小火花产生。

赫兹在暗室远端的墙壁上覆有可反射电波的锌板，入射波与反射波重叠应产生驻波，他也以检波器在距振荡器不同距离处侦测加以证实。赫兹先求出振荡器的频率，又以检波器量得驻波的波长，二者乘积即电磁波的传播速度。正如麦克斯韦所预测的一样。电磁波传播的速度等于光速。此实验具有相当大的轰动性，引起了科学界的飓风。

赫兹对科学的追求没有止境，孜孜不倦，永不停止。在后来，赫兹发现了电磁波在金属物体面上会反射，在通过硬沥青的三角棱镜时会折射的时候，因未来得及进一步研究这种原理的技术应用而失去了发明雷达的机会。

赫兹对人类文明作出了很大贡献，为了纪念他的功绩，人们用他的名字来命名各种波动频率的单位，简称“赫”。赫兹也是是国际单位制中频率的单位，它是每秒中的周期性变动重复次数的计量。其符号是 Hz，有直流和交流之分。在通信应用中，用作信号传输的一般是交流电。

爱迪生对磁学的研究

爱迪生一生所发明的东西恐怕是“前无古人，后无来者”的，拥有众多重要的发明专利，被媒体授予“门洛帕克的奇才”称号的他，是世界上第一个发明家，是利用大量生产原则和其工业研究实验室来生产发明物的人。

童年时期的爱迪生，在大街上曾经卖过报纸，一次偶然的机会，冒死搭救了一位在火车轨道上即将遇难的男孩。孩子的父亲对此感恩戴德，但由于无钱可以酬报，愿意教他电报技术。从此，爱迪生便和这个神秘的电的新世界发生了关系，踏上了科学的征途。爱迪生曾经担任过电信报务员。稍后，他就获得了第一项发明专利权。这是一台自动记录投票数的装置。此后，他的兴趣又转到荧光学、矿石捣碎机、铁的磁离法、蓄电池和铁路

信号装置上。

爱迪生从小就喜欢用他那与众不同、极其独特、匪夷所思的天才脑袋思考一连串的奇怪而“幼稚”的问题。好奇心驱使内心的探索欲望，是发明创造的最大动力。小时候有一次，到了吃饭的时候，仍不见爱迪生回来，父母亲很焦急，四下寻找，直到傍晚才在场院边的草棚里发现了他。父亲见他一动不动地趴在放了好些鸡蛋的草堆里，就非常奇怪地问：“你这是干什么？”爱迪生不慌不忙地回答：“我在孵小鸡呀！”原来，他看到母鸡会孵小鸡，觉得很奇怪，总想自己也试一试。长大后爱迪生说：“失败也是我需要的，它和成功对我一样有价值。只有在我知道做不好的方法以后，我才知道做好的方法是什么。”

爱迪生一生的科学实验都离不开对磁的研究，爱迪生对磁学也是情有独钟，爱不释手。他拥有2 000余项发明，包括对世界极大影响的电影摄影机、留声机、电灯、电影、电报和钨丝灯泡等。在美国，爱迪生名下拥有1 093项专利，而他在美国、英国、法国和德国等地的专利数累计超过1 500项。他是有史以来最伟大的发明家，迄今为止，世界上没有一个人能打破他创造的发明专利数世界纪录。在研究有声电影时，爱迪生通过对磁的有关理论的深入研究和实验，后来就试探性地着手实验了一项他从未接触过的巨大事业。1891年，他再次深度探索电和磁之间的奥妙之处，从而成功地发明了“爱迪生选矿机”，开始自行经营采矿事业。

图与文

爱迪生，是一位举世闻名、家喻户晓的美国发明家，被誉为“世界发明大王”和“光明之父”。

1892 年，爱迪生创立了通用电气公司。

后来，爱迪生并不满足这些成就，一方面从事水泥的制造，一方面研制新蓄电池。他一天一夜就绘制出新水泥厂的图样，设计十分周全，并且实际运用效果有效而便捷。他在兴建水泥厂时，制成了原料机、加细碾机，设计了长窑，1909 年获得专利权。1910 年爱迪生水泥公司居全国第 5 位。爱迪生制造蓄电池时也同发明电灯一样，常常是彻夜不眠，试验 5 个多月达 9 000 余次。制成后他在西奥兰治 3 英里外设厂进行生产，颇受欢迎。

我们最熟悉的莫过于爱迪生发明的电灯和留声机了。当时爱迪生为了发明电灯，他和他的伙伴们，不眠不休地做了 1 600 多次耐热材料和 600 多种植物纤维的实验，才制造出第一个炭丝灯泡，可以一次点燃 45 个钟头。后来他更在这基础上不断改良制造的方法，终于推出可以点燃 1 200 小时的竹丝灯泡，给人类成功地带来了光明和温暖，给工业以及科技带来了划时代的进步，标志着电气光明时代的真正到来，从此人类结束了黑暗和落后，是具有划时代意义的伟大科技创举。

发明电话的贝尔

电话，无疑和我们的生活息息相关，我们时时刻刻都不能离得开它，对我们简直是太重要了，它可以缓解亲人朋友的思念之苦，可以及时迅速地回馈重要信息，可以将地球两端的人拉近距离，总之，电话的功能是无可取代的。而我们都熟悉的电话，就是由由美国发明家贝尔发明的。

贝尔刚开始的兴趣是在研究电报上。有一次，当他在做电报实验时，偶然发现了一块铁片在磁铁前振动会发出微弱声音的现象，而且他还发现这种声音能通过导线传向远方。这给贝尔以很大的启发。从此，贝尔开始了专心研究电话的生涯。他想，如果对着铁片讲话，不也可以引起铁片的振动吗？这就是贝尔关于电话的最初构想。但由于电话是传递连续的信号

而不是电报那样不连续的通断信号，在当时的难度好比登天。他曾试图用连续振动的曲线来使聋哑人看出“话”来,但没有成功。

贝尔在实验中发现了一个有趣现象：每次电流通断时线圈发出类似于莫尔斯电码的“滴答”声，这引起贝尔大胆的设想：如果能用电流强度模拟出声音的变化不就可以用电流传递语音了吗？贝尔把自己的这一设想告诉了当时美国著名的物理学家约瑟夫·亨利，亨利对贝尔说：“你有一个伟大发明的设想，干吧！”当贝尔说到自己缺乏电学知识时，亨利说：“学吧。”于是，2年后人类的第一部电话问世了。

著名的贝尔实验室

随后的两年，贝尔刻苦用功，他掌握了电学，再加上他扎实的语言学知识，使他如同插上了翅膀。他辞去了教授职务，一心投入发明电话的试验中。连续两天两夜自制了音箱、改进了机器。然后开始实验，刚开始他的助手沃特森只从受话器里听到嘶嘶的电流声，终于他听到了贝尔清晰的声音：“沃特森先生，快来呀！我需要你！”1875年6月2日傍晚，当时贝尔28岁，沃特森21岁。他们趁热打铁，又经半年的改进，终于制成了世界上第一台实用的电话机。原来电话话筒内有个振动膜，说话时声音是机械波会使振动膜振动，产生感应电流，根据声音的大小不同，振膜振动情况不同，因此通过的电流大小也不同。电流通过处理，在另一台电话中用仪器把点信号转化回声音信号。而这仪器可以理解为绕有线圈的永久磁铁，电流通过线圈时产生感应磁场，吸引磁铁中的薄铁片产生振动，从而发出声音。1876年3月3日，贝尔的专利申请被批准。

■图与文

贝尔，美国发明家和企业家。他获得了世界上第一台可用的电话机的专利权，创建了世界著名的贝尔电话公司和贝尔实验室。

他们回到波士顿后继续对这一发明进行改进，同时抓住一切时机进行宣传。1877年，也就是贝尔发明电话后的第二个年头，在波士顿设的第一条电话线路开通了，这沟通了查尔斯·威廉斯先生的各工厂和他在萨默维尔私人住宅之间的联系。也就在这一年，有人第一次用电话给波士顿《环球报》发送了新闻消息，从此开始了公众使用电话的时代。一年后的 1878 年，贝尔在波士顿和沃特森在相距 300 多千米 的纽约之间首次进行了长途电话实验。

电报发明人莫尔斯

公元前 490 年，希腊人在马拉松这个地方打败了波斯军队，赢得了保卫国土的胜利。为了让首都人民尽快地分享这一喜讯，在没有任何交通工具的情况下，希腊军队的将领就派了一个叫斐迪辟的士兵，徒步从马拉松平原一刻不停地跑到了当时希腊的首都雅典。当斐迪辟向首都人民报告了胜利的喜讯后，终于因极度疲劳而倒下牺牲了。为了永远纪念这位英雄，人们就把他所跑的全路路程（42 195 米）列为奥运会长跑比赛的一个项目，并命名为马拉松赛跑。由此可以看出，在古代人们传递信息是多么困难啊。古代人们极力地寻找最快的传递信息的方法，然而，只能在神话小说里创造出“千里眼”和“顺风耳”，以寄托自己的理想。

可是到了19世纪，“顺风耳”的理想终于由一名美国画家实现了，他就是电报机的发明者——莫尔斯。

19世纪初期的一个秋天，在一艘航行的船上，一群旅客正围着一个名叫杰克逊的医生，听他讲述发明不久的电磁铁：一块马蹄形的、缠着导线的铁块，一通电就会产生吸引力；而电流一断，吸着的铁性物质便都掉了下来。大家都被这新鲜事吸引住了。当时莫尔斯也正好在场，他在感到好奇的同时，却比周围其他人想得更深、更远。他向杰克逊问了一个问题：电流在导线里流动的速度快不快？当他知道电流的速度快得在几千千米长的电线里，一瞬间就能通过时，一个大胆而又新奇的想法，在他头脑中出现了。

海轮上的巧遇，改变了莫尔斯的生活道路。他放弃了自己心爱的绘画事业，开始了发明电报的艰苦研究工作。十多个春秋过去了，他终于获得了成功，利用电流一断一通的原理，发明了电报机和用点画表达信息的电码——“莫尔斯电码”，使通讯变得便利了。

1840年，他发明的电报取得专利权，然后他想方设法说服抱非常勉强态度的国会批准于1843年度拨款3万美元架设一条从巴尔的摩到华盛顿的超过40英里的电报线。1844年，该电报线开始修建，同年投入了运营。莫尔斯的第一份电报电文是“上帝创造了何等的奇迹！”

莫尔斯

电报机有人工和自动两种，还有有线发送和无线发送两种方式。人工电报机是由人来按动电键，使电键接点开闭，形成“点”、“画”和“间隔”信号，经电路传输出去，收报端接到这种电信号后，便控制音响振荡器产生出“嘀”、“嗒”声，“嘀”声为“点”，“嗒”声为“画”，供收报员收听抄报。

电报虽然能迅速地传递信息内容，但是，发报人先得把信息内容转换成符号，按一定的操作规律把这种符号发送到收报人那里。收报人收到这种符号后，再利用电码把它所代表的内容翻译出来，还是比较麻烦。此后，美国人贝尔发明了电话。随着电话的普及，现在电报已经退出了历史舞台。

斯本塞与微波炉

斯本塞（1894—1970)，美国人，微波炉的发明者。

斯本塞于1921年生于美国亚特兰大城。1939年，他参加了海军，半年后因伤而退役，进入美国潜艇信号公司工作，开始接触了各类电器，稍后又进入专门制造电子管的雷声公司。由于工作出色，1940年，他由检验员晋升为新型电子管生产技术负责人。天才加勤奋的结果，他先后完成了一系列重大发明，令许多老科学家刮目相看。

当时，英国科学家们正在积极从事军用雷达微波能源的研究工作。伯明翰大学两位教授设计出一种能够高效产生大功率微波能的磁控管。但当时英德处于决战阶段，德国飞机对英伦三岛狂轰滥炸。因此，这种新产品无法在国内生产，只好寻求与美国合作。1940年9月，英国科学家带着磁控管样品访问美国雷声公司时，与才华横溢的斯本塞一见如故。

在斯本塞的努力下，英国和雷声公司共同研究制造的磁控管获得成功。1945年，他观察到微波能使周围的物体发热。在一次他研究磁控管时，口袋中的巧克力受热融化。还有一次，他把一袋玉米粒放在波导喇叭口前，然后观察玉米粒的变化。他发现玉米粒与放在火堆前一样。这让斯本塞萌生了发明微波炉的念头。

第二天，他又将一个鸡蛋放在喇叭口前，结果鸡蛋受热突然爆炸，溅

了他一身。这一实验的结果，更坚定了他的微波能使物体发热的论点。雷声公司受斯本塞实验的启发，决定与他一同研制能用微波热量烹饪的炉子。几个星期后，一台简易的炉子制成了。斯本塞用姜饼做试验。他先把姜饼切成片，然后放在炉内烹任。在烹任时他屡次变化磁控管的功率以选择最适宜的温度。经过若干次试验，食品的香味飘满了整个房间。

微波加热的原理简单说来，是当微波辐射到食品上时，食品中总是含有一定量的水分，而水是由极性分子组成的，这种极性分子的取向将随微波场而变动。由于食品中水的极性分子的这种运动。以及相邻分子间的相互作用，产生了类似摩擦的现象，使水温升高，因此，食品的温度也就上升了。用微波加热的食品，因其内部也同时被加热，使整个物体受热均匀，升温速度也快。

斯本塞发明了微波炉

1947 年，雷声公司推出了第一台家用微波炉。可是这种微波炉成本太高，寿命太短，从而影响了微波炉的推广。1965 年，乔治·福斯特对微波炉进行大胆改造，与斯本塞一起设计了一种耐用和价格低廉的微波炉。1967 年，微波炉新闻发布会兼展销会在芝加哥举行，获得了巨大成功。从此，微波炉逐渐走入了千家万户。由于用微波烹饪食物又快又方便，不仅味美，且有特色，因此有人诙谐地称之为“妇女的解放者”。